台式新简约 Ⅳ

NEW SIMPLE STYLE OF TAIWAN Ⅳ

先锋空间 编

華中科技大學出版社
http://www.hustp.com
中国·武汉

关于台式美学

撰写人：隐巷设计 黄士华

在岁末年初的时候，我收到编辑的邀请让我为本书题序，真是感到荣幸，有机会能够表达一些自己的观点，关于近些年流行的台式风格，两岸的设计师有着不同的解读和看法，随着生活质量提升，大家对于生活方式的理解也会越来越多元化。

首先我想谈谈台式风格。提到台式风格许多设计师朋友就会自然而然地想到日式设计风格。除了历史因素之外，更多地在于传统文化的传承与创新延续，在我还是小孩子的时候，台北还流行着所谓从港式奢华演变而来的新古典豪宅风，或是有着传统园林景观的中式、浓厚日系的装修等，那时候大家对于生活的理解在如今看来更多的是主题式的设计。随着生活方式的转变，加上全世界风行的北欧极简主义潮流影响，年轻一代更追求精神上的生活态度，也是新一代台湾设计师的生活方式；在台北的设计师不谈论台式风格的原因是因为本身没有对这个设计潮流进行定义，他们比较关注在生活与设计之间的平衡与结合，在与客户交流的过程中，会避免以风格手法来完成，希望能在设计上有更多的发挥空间，所以关注的焦点会落在生活方式上，而不是风格。

生活方式、精神追求、高质量、材质感、艺术性是在台式美学几个常见标签，对于生活的理解深入到人的深层思维中。在网络信息高度爆炸的时代，工作更加忙碌，家庭与生活不再是以往单一的功能，而是进化到多功能。设计师熟知将功能美学化、艺术化，使生活除了柴米油盐酱醋茶之外，还增添了美学涵养，透过材质、光影使空间更有层次感，搭配家具与艺术品让客户在一个低压、舒适的空间里，获得精神层面的享受。

一方水土养一方人，设计师对于设计的理解很大一部分来源于生活。生活环境会决定很多思考方式与细节，台式美学虽然不是一个特定的潮流或是一个派系，但确是几代人生活淬炼的结果。而这个过程目前还在进行中，融合了传统文化、外来文化的差异，结合了不同的生活历练，对于环境与空间与人的关系有着细腻的思考，这是几代设计师共同努力的成果，我将它理解成一种设计文化。

黄士华

台湾知名设计师，隐巷设计与XWD集团创始人，2010年创办XYI DESIGN设计品牌，于2014年创办XWD设计集团。在国、内外屡获奖项，善于结合品牌与空间设计整合，提升客户体验感与商业价值，致力于品牌价值的提升。

材料运用

动线设计

目录

色彩搭配

目录

采光照明

引景入室

材料运用

台式新简约Ⅳ

巧用各种材料

设计师一般喜欢使用天然材料进行住宅装饰，诠释出业主追求的场域精神。设计师善于将不同的材质进行组合，天然的石材与温润的木料创造出空间温度与视觉焦点，并采用多种手法，丰富了住宅空间的质感层次。

精选天然材质

在住宅空间中多使用天然材料，可以营造自然、舒适的生活环境。尤其是天然石材和木料的大量运用，既表现出材料本身独特的质感，又为室内空间带来自然的观感和浓厚的人文气息。

在公共区域，将具有精美纹理的石材与温润的木料用于地面等处，在呈现出公共空间基调的同时，又划分出了不同功能区域。私人区域延续了公共区域的自然调性，木料的天然纹理搭配石材的利落线条，赋予休憩空间宜人的自然气息。

综合运用多种材料

设计师在空间中将多种材质进行搭配使用，少量人工材料的应用则成为美化空间的点睛之笔。例如，大理石与木皮组合，可以打造出温润厚实、典雅舒适的空间；镜面不锈钢等金属材质常常与石材、木料配合，彰显出细微之处的巧妙变化，同时可为室内注入时尚感；而玻璃等反光材料与黑铁等金属搭配使用，多种材质与肌理在空间中相互渗透，营造出丰富多样的视觉感受。

韶光如梦

时间的皱褶

地址：台湾省台北市
项目面积：约159平方米
主设计师：唐忠汉
设计公司：近境制作

户型格局：三室两厅一卫
主题风格：现代风格

主要材料及工艺
黑铁板、老木、石材、鸡翅木皮、镀钛金属板、灰玻、灰镜

创意解读

老木、锈铁在时间流逝之中被风化留下斑驳的印迹；岁月、痕迹承载着家人共同的感动与回忆。这所有的一切，都在时光里拼凑编织，在空间中错落交叠。并随着时光的流逝而缓慢地变化，在无形之中用心地记录着家人与空间的关联。

名师点评 材料运用

材质之间的相互交错，以及材质的脉络、锈板的纹理、老木的润质，不同的肌理语言相互交流，多种材质的混合运用，丰富了空间的视觉效果与体验感。客厅细条拼接而成沙发背景墙将木作语汇延伸到高低错落的顶棚之上，搭配洁白无瑕的大理石地面，分隔出客、餐厅不同区域。在餐厅区域，设计师则运用温润、质朴的木皮顶棚与富有肌理感的石材主墙，创造空间温度与立面焦点，重新定义出符合居住者需求的区域精神。

名师点评 空间布局

设计师用中部的中介空间联结公、私区域，并将原有的中厨进行弱化处理，强化餐厨区域具有核心作用的中岛，此处凝结着家人之间亲密的情感。中岛以石材洗手台穿插木质餐桌，以交错重叠的量体划分出客厅、餐厨等不同区域，同时也串联着主次空间。

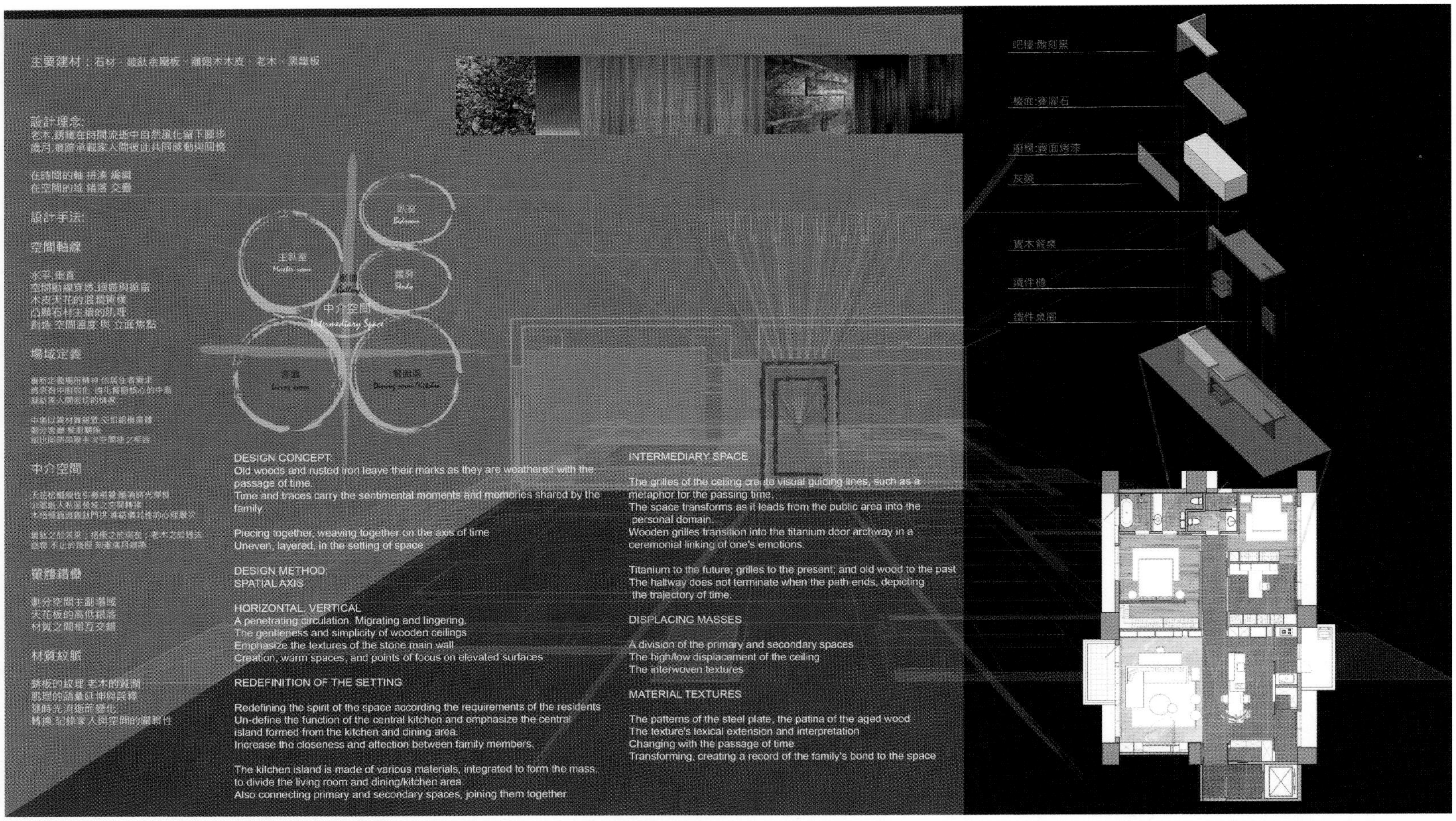

主要建材：石材、鍍鈦金屬板、雞翅木木皮、老木、黑鐵板
設計理念:
老木.銹鐵在時間流逝中自然風化留下腳步
歲月.痕跡承載家人間彼此共同感動與回憶
在時間的軸 拼湊 編織
在空間的域 錯落 交疊
設計手法:
空間軸線
水平.垂直
空間動線穿透.迴遊與逗留
木皮天花的溫潤質樸
凸顯石材主牆的肌理
創造 空間溫度 與 立面焦點
場域定義
中介空間
量體錯疊
劃分空間主副場域
天花板的高低錯落
材質之間相互交錯
材質紋脈
銹板的紋理 老木的質潤
肌理的語彙延伸與詮釋
隨時光流逝而變化
轉換.記錄家人與空間的關聯性
臥室 Bedroom
主臥室 Master room
廊道 Gallery
書房 Study
中介空間 Intermediary Space
客廳 Living room
餐廚區 Dining room/Kitchen
DESIGN CONCEPT:
Old woods and rusted iron leave their marks as they are weathered with the passage of time.
Time and traces carry the sentimental moments and memories shared by the family
Piecing together, weaving together on the axis of time
Uneven, layered, in the setting of space
DESIGN METHOD:
SPATIAL AXIS
HORIZONTAL. VERTICAL
A penetrating circulation. Migrating and lingering.
The gentleness and simplicity of wooden ceilings
Emphasize the textures of the stone main wall
Creation, warm spaces, and points of focus on elevated surfaces
REDEFINITION OF THE SETTING
Redefining the spirit of the space according the requirements of the residents
Un-define the function of the central kitchen and emphasize the central island formed from the kitchen and dining area.
Increase the closeness and affection between family members.
The kitchen island is made of various materials, integrated to form the mass, to divide the living room and dining/kitchen area.
Also connecting primary and secondary spaces, joining them together
INTERMEDIARY SPACE
The grilles of the ceiling create visual guiding lines, such as a metaphor for the passing time.
The space transforms as it leads from the public area into the personal domain.
Wooden grilles transition into the titanium door archway in a ceremonial linking of one's emotions.
Titanium to the future; grilles to the present; and old wood to the past
The hallway does not terminate when the path ends, depicting the trajectory of time.
DISPLACING MASSES
A division of the primary and secondary spaces
The high/low displacement of the ceiling
The interwoven textures
MATERIAL TEXTURES
The patterns of the steel plate, the patina of the aged wood
The texture's lexical extension and interpretation
Changing with the passage of time
Transforming, creating a record of the family's bond to the space
吧檯:雕刻黑
檯面:義麗石
廚櫃:霧面烤漆
灰鏡
實木餐桌
鐵件櫃
鐵件桌腳

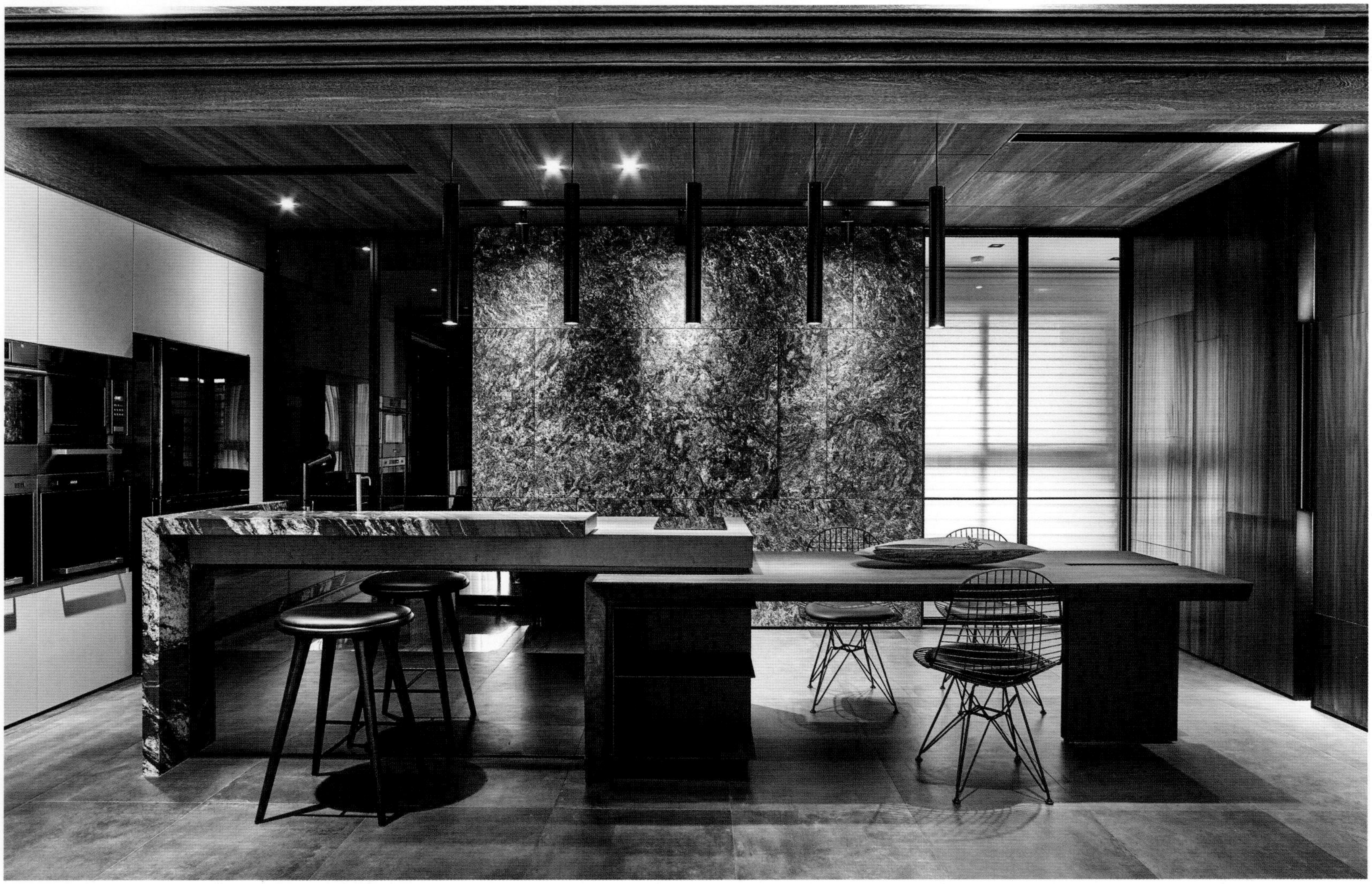

创意造型

名师点评

设计师在中介空间运用木质格栅顶棚利落的线性来引导人们的视线，同时也隐喻着时光穿梭的概念。老木之于过去，格栅寓意现在，镀钛寓意未来。从公共区域进入私密区域，则是由木格栅过渡到镀钛门拱，一方面在无形中连接着从过去到未来的仪式感，另一方面也丰富着业主的心理层次感。

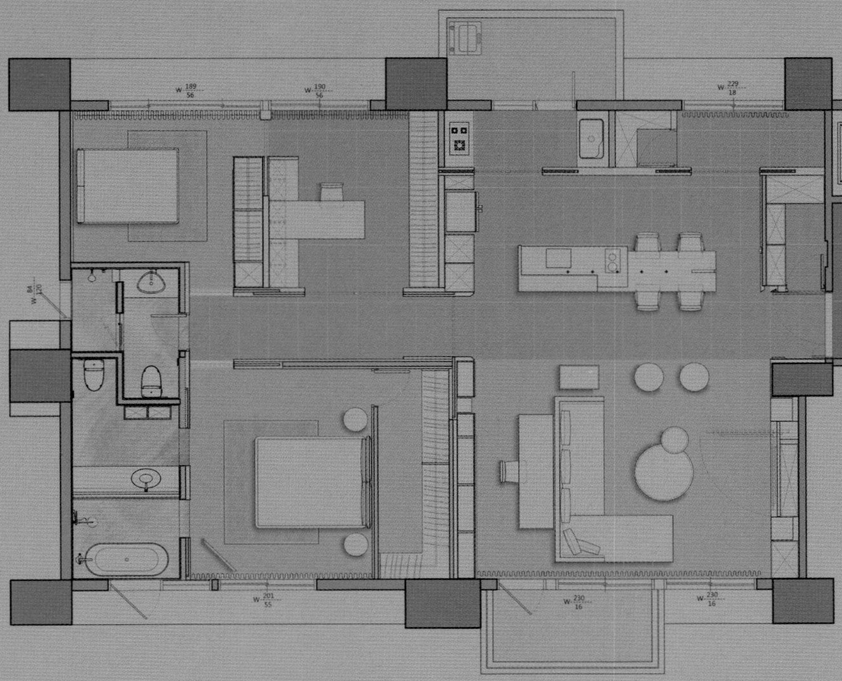

平面布置图

BOB MANDERS

名师点评 空间布局

从大门步入室内，一排直通顶棚的木作界定出玄关与餐厨的空间，以黑、灰色为基调的公共区域，则用无接缝水泥地面及木作地板作为客、餐厅两者之间的区隔，让冷调之中又不失温度。开放式设计的客、餐厨空间整合公共区域空间，将阻碍降至最低，也增强了公共空间的整体感。私密区域里，设计师以温润木作作为本区主题，更衣室的木质柜体运用各种不同形式呈现，满足主人的收纳与展示需求。

无声对白

刘宅

地址：台湾省台北市
项目面积：约215平方米
摄影：嘿起司摄影团队
主设计师：袁丕宇、王正行、张丰祥
设计公司：工一设计有限公司

居住成员：三代同堂
户型格局：三室三厅三卫
主题风格：现代人文风格

主要材料及工艺

黑铁、镜面、石材、实木贴皮、水泥

创意解读

此空间利用多种材质的元素拼贴，水泥与镀钛、实木搭配黑铁、镜面与不锈钢、大理石和天然石皮等，再利用水平垂直的比例分割整合，活动的拉门和镜面打破及创造空间，产生有秩序且和谐、丰富的居家区域。

平面布置图

名师点评

软装布艺

客厅一张蓬松的深灰色毛绒地毯为室内带来最为丰富柔和的肌理感，并与凹凸不平的粗粝石材电视背景墙产生对话。浅灰色系的 L 形布艺沙发则以细腻的材质柔和了整个质朴、粗粝的起居空间，搭配醒目、沉静的水鸭蓝、黏土色的跳色抱枕，增加了空间的层次感。卧室延续客厅的沉稳，灰色系的窗帘与床头硬包搭配水鸭蓝的床单、沙发椅，既适合主人休憩，也便于主人静心阅读思考。

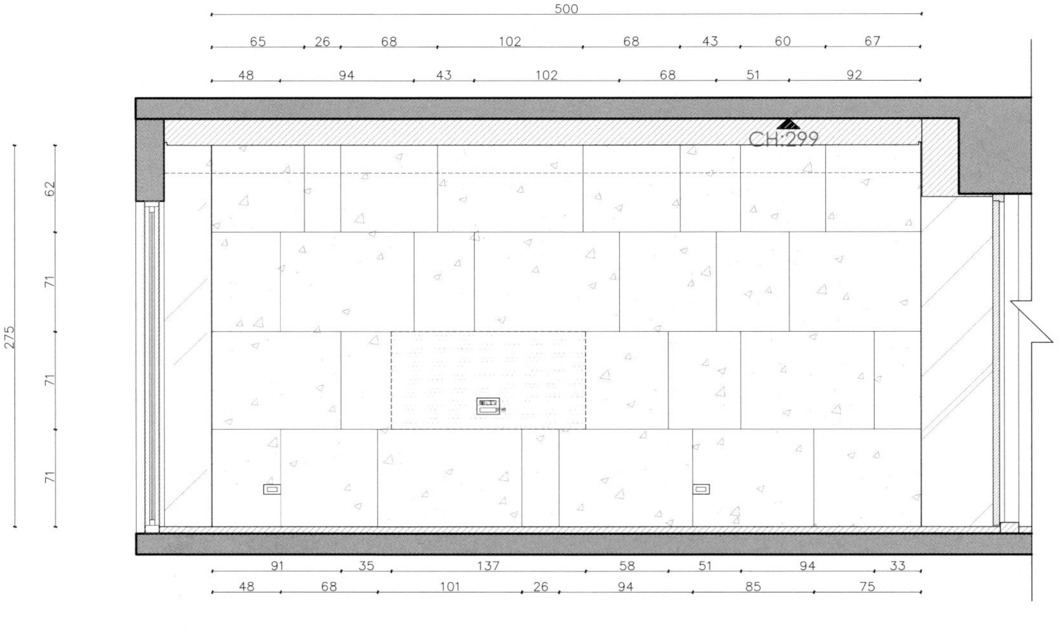
500
65 26 68 102 68 43 60 67
48 94 43 102 68 51 92
CH:299
275
62
71
71
71
91 35 137 58 51 94 33
48 68 101 26 94 85 75

立面图

引景入室

名师点评

设计师将室外绿意引入起居室，使其成为整个空间突出的亮点。当夜幕降临，两面落地窗将户外美景引入室内，并倒影在电视机屏幕上，结合黄色的隐藏光带，让视觉得以延伸的同时，也让室外景观自然地融入室内。而在沙发后墙角处的一盆绿植则起到了点缀的作用，在阳光的照射之下，共同为室内注入勃勃生机，让居室充满生活的情调。

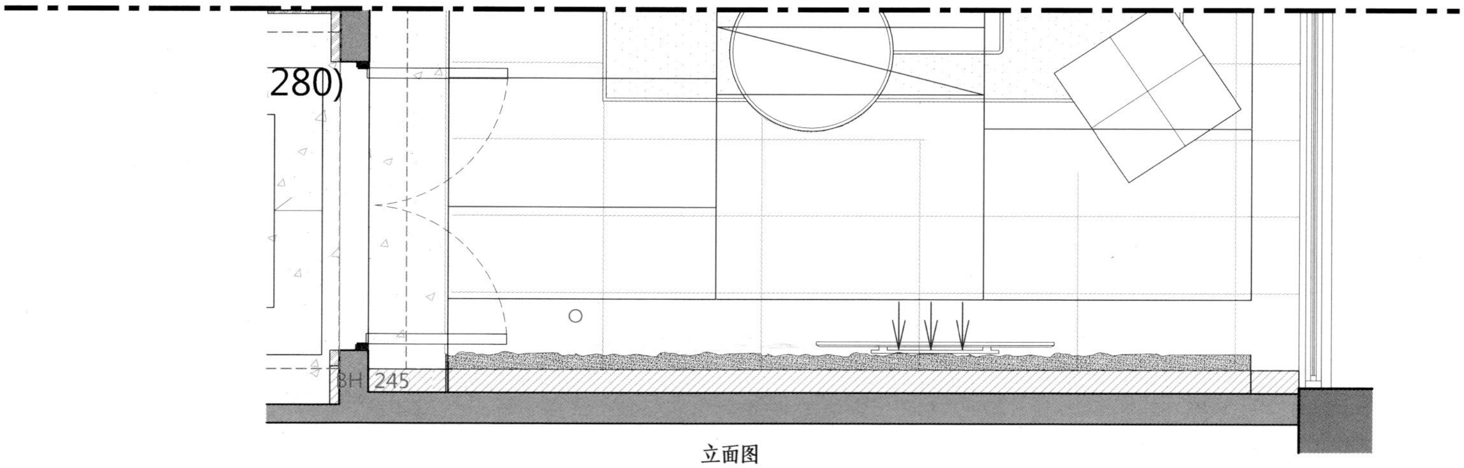

立面图

流光飞舞

璀璨 · 脉脉

地址：台湾省台中市
项目面积：131 平方米
摄影：Heycheese Photography
主设计师：翁新婷
设计公司：理丝室内设计

居住成员：父母和孩子
户型格局：三室两厅两卫
主题风格：低调奢华风格

主要材料及工艺

镀钛板、大理石、薄板砖、烤漆

创意解读

有种光彩夺目的窒息感，是石材与金属激荡共存，再经由空间消化后的一种璀璨。每当午后阳光穿透金色的薄纱洒入室内，空气中便会闪烁着缕缕光芒，它们在无声无息之中随影摇曳，在绚丽之间大放异彩，营造出一个“盈盈一水间，脉脉不得语”的情境空间。

名师点评 材料运用

公共区域向四周伸展开来的大理石壁面纹路细腻、颜色高雅；浑厚粗犷的灰网石则在线性排列之下呈现出岁月的斑斓风貌。餐厅云白银狐壁面延展着清新淡雅、细腻生动的纹路，借由几何“V”字形的组合拼接，营造出突破单向垂直与水平的视觉观感。一侧精细的镀钛弦线化作一扇屏风，耀眼的光泽将其融入瑰丽的石材脉络当中。各式柜体、门片则以相近色系在虚实之间共同塑造出一个简练的空间。

BVLGARI
HERMES
KELLY HOPPEN
BLACK & WHITE

名师点评

灯饰照明

玄关屏风处垂挂着球形玻璃吊灯，其柔和的灯光照在一侧瑰丽的石材上，交融出一种精致的视觉观感，也给进门的客人带来美好的第一印象。客厅枝形吊灯搭配顶棚四周对整体照明起主导作用的射灯，赋予居室良好的光线效果，营造出一种精致、高雅的生活格调。

配饰元素

名师点评

设计师将安静内敛的质感一并注入到室内各式的摆件之中。比如一个欲言又止的人面摆件、一株在透明玻璃容器里静默生长的植物，仿佛在柜体里安静地沉思着。另外在客厅、餐厅及卧室，特意在茶几、柜体台面上摆放一簇淡黄色的微型月季花，借由花卉联系着公、私区域的不同空间，也为室内带来阵阵清香。

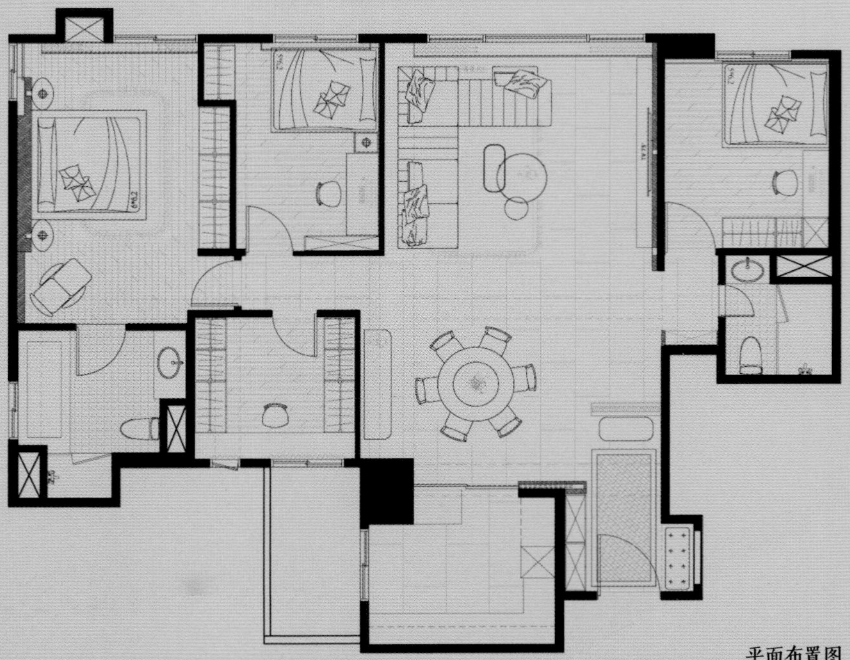

平面布置图

木石韵律

黑色之外

地址：台湾省新竹市
项目面积：约 149 平方米
摄影：威米锶空间摄影
主设计师：禾观设计团队
设计公司：禾观空间设计

居住成员：夫妻
户型格局：两室两厅两卫
主题风格：人文风格

主要材料及工艺

清水模、实木、不锈钢、铁件、实木贴皮

创意解读

本案是一个在新竹市区的约 149 平方米的现代住宅，业主在天然材质的环绕之中，静享生活的慢步骤。设计师利用实木贴皮与天然石材、不锈钢等材料，塑造了一个开放式的居家空间，营造出豪放而又华美的居室氛围，在亲朋好友到访时，能让他们从心底拥有一种宾至如归的感觉。石材与木作的融合通常用来展现自然氛围，但本案中则进一步营造粗犷中带有奢华的独特风格，无论是作为平常起居还是招待亲友，都相当有品位。

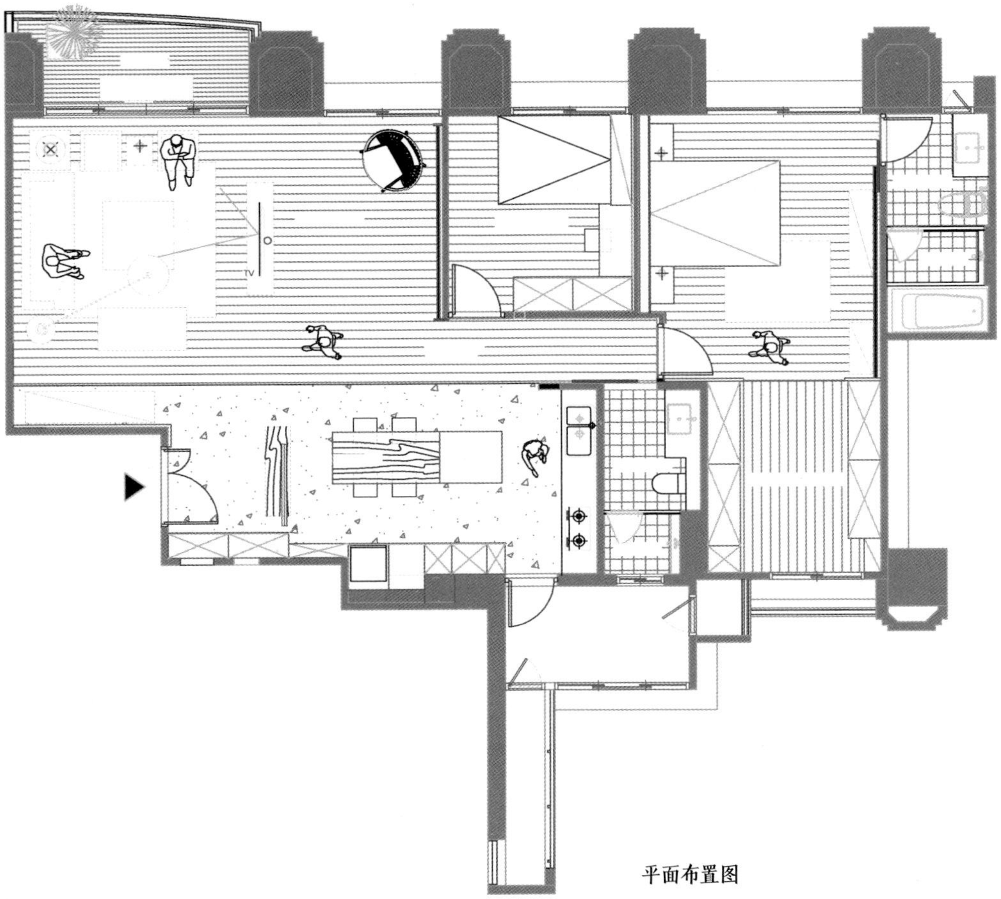

平面布置图

名师点评 家具选择

客厅的圆形茶几原始而独特，亚光质感的黑铁台面与木柴堆砌的底座相结合，呈现出独特的造型，瞬间给空间注入原始、质朴的味道，也与空间中大面积运用的木材相呼应。搭配一侧黑色的三人座布艺沙发及随性摆在地上的电视机，营造出一个富有想象的舒适起居空间。步入餐厅，浅色的人造石材餐桌穿插木质洗手台，并与大面积的木质收纳柜体碰撞出相同材质的韵律美。

材料运用

名师点评

客厅清水模沙发背景墙散发出质朴的自然气息，加之对面的黑色木质收纳格柜，为起居空间增添了粗粝质感。主卧延续了公共区域的自然调性，清晰的黑色木作纹理铺陈于墙，延伸视觉上的层次感，藕荷色床头墙面搭配纹理清晰的木质地板，在日光的照射之下，显得既简约又时尚，也让整体空间越加清爽、大方。

名流雅居

回适 · 品

地址：台湾省高雄市
项目面积：230平方米
摄影：游宏祥摄影工作室
主设计师：唐忠汉
设计公司：近境制作

户型格局：三室三厅两卫
主题风格：现代风格

主要材料及工艺
镀钛不锈钢、石材、木皮、墙布

创意解读

当心境迂回于空间，纹理的沉浮表于掌心，五感的延伸与回荡层叠在居者的步足之中，既有沉重，也有轻盈，这些都一一化作空间的点缀。在整体气氛营造上呼应男主人对生活质感上的追求，以一个绅士居所的概念体现空间设计。一个有贴近生活的区域，表述了业主对家的期望。艺术品及收藏家具的陈列，点缀了居所的空间，体现出一个新时代的质感住宅。

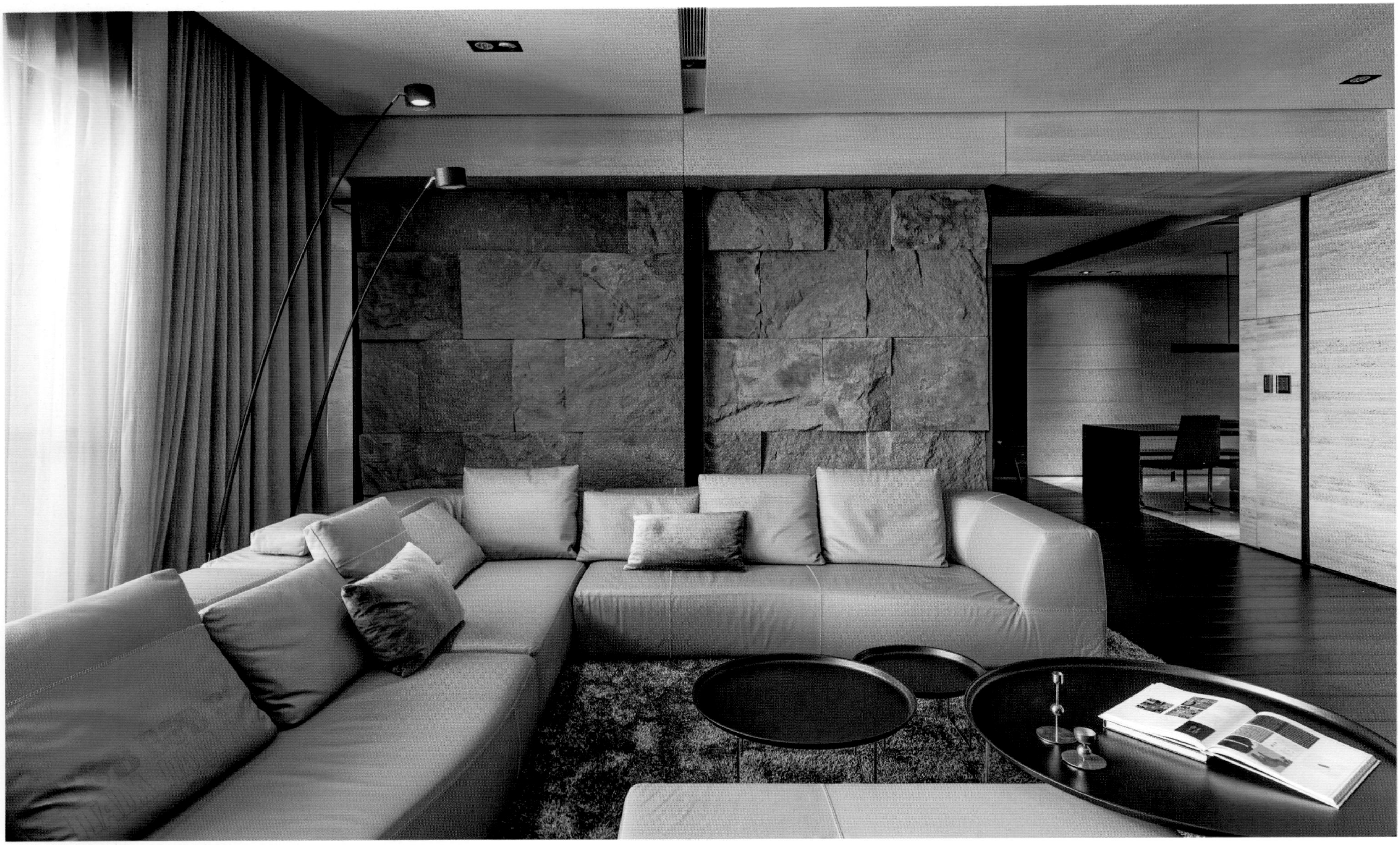

名师点评 空间布局

在空间配置中，设计师以玄关为中心进行环状发散，并利用重叠元素的手法弱化界定空间的墙体。利用材料的变化、量体的堆塑、延续空间及重叠界线的手法，创造出回廊般的大宅空间。让公共区域既可以是玄关空间，也可以是部分客厅空间；既是回廊，也是部分餐厅，这种空间配置增添了体验感和多样性，也放大了空间的独特效果。

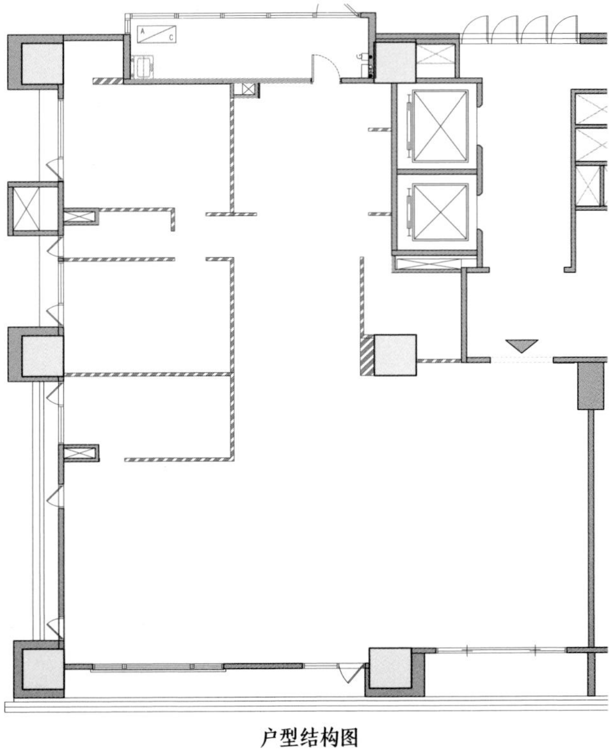

户型结构图

名师点评

材料运用

该户型采用了多样性材料混合搭配的方式，丰富了空间的视觉观感。设计师还减少展示性柜体的运用，强调材质之间的比例关系与质感补充。空间整体上以木皮顶棚进行框架及线性延伸，串联起公、私区域整体的气氛。客厅黑色石材电视背景墙显得冷冽、刚硬，对面沙发背景墙则以粗犷的石皮衬托有着流畅曲线的沙发，搭配温润、轻柔的木纹壁面，共同营造出一个舒缓、温暖的会客空间。在私密区域的卧室，设计师巧妙地运用斜面顶棚解决空间限制的问题，斜面的设计在立面衔接上也呼应着深色的木质柜体，从而达到和谐、统一。

家具选择

名师点评

整个空间中最有创意的设计，便是餐厨空间中那极具工艺感的长形中岛餐桌。该餐桌整体桌板以一厘米厚的镀钛不锈钢板来强调简洁、轻盈的视觉观感；穿插的大理石洗手台面则可以满足多功能使用的需求，不锈钢板与大理石以不同的高度区分用餐、工作等不同的功能区。下方木质收纳柜则便于主人收纳，整体上兼具实用与美观。

绿意与新知

Linkou Z House

地址：台湾省
项目面积：约 100 平方米
摄影：MD Pursuit
主设计师：罗士承、杨旻翰
设计公司：质觉制作设计有限公司

居住成员：父母和子女
户型格局：三室两厅两卫
主题风格：现代简约风格

主要材料及工艺

钢刷木皮、白橡木手工晕染大理石、进口石纹系统板、鸡翅木

创意解读

退休了，你会希望在什么样的空间享受人生呢？曾任流行杂志总编辑的屋主选择坐落于新兴都市发展区、面对大片绿意公园的住宅作为退休之后的家。透过对大自然的热爱，延续对生命的热忱。屋主始终有阅读及接收新知识的习惯，他非常希望在家中阅读、上网时，偶尔抬头映入眼帘的就是公园的美景，因此如何在原有空间中增强光线来源是此次设计的重点。

重置空间轴线与量体关系

设计师将整体空间刻画出 X、Y 轴向，每个轴以向串联不同关系。X 轴讲述空间与人的互动，倾听量体与线性所诠释的结构语汇。Y 轴则表述空间与自然联结，将光线及绿意引入室内，演绎纯粹自然美学。

名师点评

材料运用

客厅大理石地面与拼接木地板分隔客、餐厅不同的区域，一面白色大理石电视背景墙展现出温润、厚实的质感，脱离建筑结构墙的独特设计，让它成为视觉焦点。而餐厅中岛部分，木质餐桌上方轻薄、悬浮的大理石台面则成为主体的焦点，设计师还利用后方深色晕染的实木格栅作为稳定的背景，衬托出空间的层次。

自然采光

名师点评

原有格局中各空间皆为独立空间，使得采光面积也因此受到阻隔于是设计师将原有电视背景墙与建筑结构墙分离，让作为视觉焦点的大理石电视背景墙景深延续至起居室在视觉上让餐厅空间与户外景象联结，通过百叶窗过滤一部分刺眼强光，从而将户外光线柔和地引入室内。餐厅的格栅拉门敞开后，景深将进一步延续至后方纯白色背景墙面上，借由自然光线使量体间互相牵引，营造出更丰富的层次。

HOME
HOME
HOME
HOME

HOME
HOME
HOME
HOME

材料运用

名师点评 空间布局

借由动线的重新配置，设计师重新界定出不同的空间范围，在约100平方米的空间内，为了满足家庭成员对空间的需求，除设计属于各自的卧室之外，设计师也贴心地置入了缓冲空间，将收纳功能极大化。将推拉门融入实木格栅墙面，设计划分出公、私区域，方便业主与同行好友互动、聚会的同时，仍保有属于自己的私密空间。用餐区则延伸至格栅造型并截止于用餐区橱柜处，独立出功能空间。

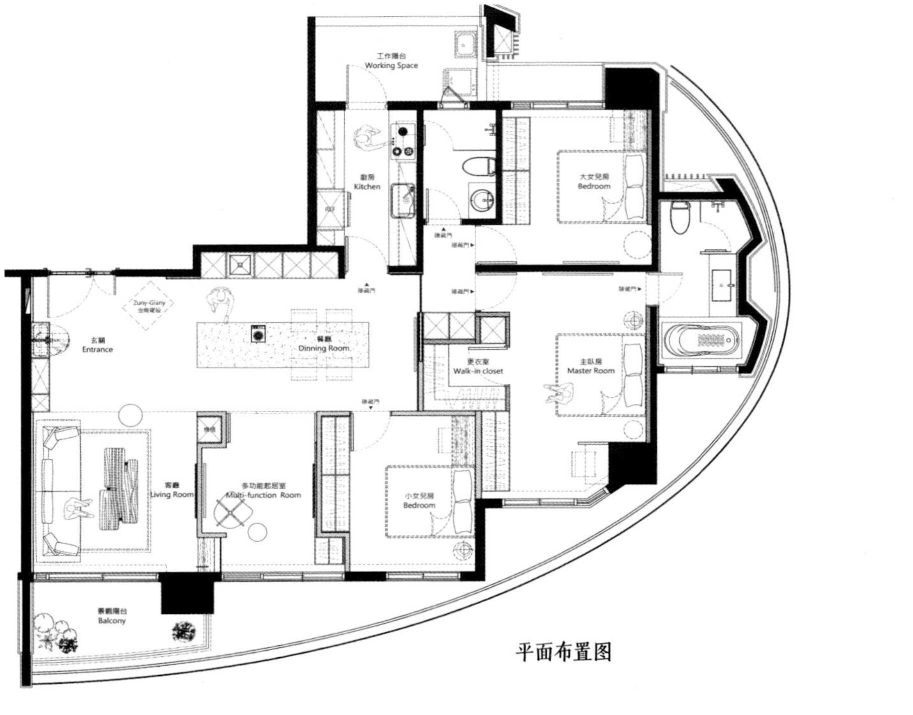
工作陽台
Working Space
廚房
Kitchen
大女兒房
Bedroom
玄關
Entrance
餐廳
Dinning Room
更衣室
Walk-in closet
主臥房
Master Room
客廳
Living Room
多功能起居室
Multi-function Room
小女兒房
Bedroom
景觀陽台
Balcony

平面布置图

本色调

北美馆私人住宅设计案

地址：台湾省新竹市
项目面积：200平方米
摄影：威米锶空间摄影
主设计师：黄国桓
设计公司：瓦第设计

居住成员：夫妻和孩子
户型格局：三房两室两卫
主题风格：现代简约风格

主要材料及工艺
雪花白大理石、瓷砖、染色实木、烤漆板

创意解读

家是安身之所，每一寸空间都值得用心设计。无需华丽的装饰与堆叠，只需将最纯粹的自我和情感在空间中释放，不管是粗犷的石材，还是温润的木材，凡是手触能碰到的，眼睛能看到的、心能感受到的，都是沉静而本真的空间构成要素。

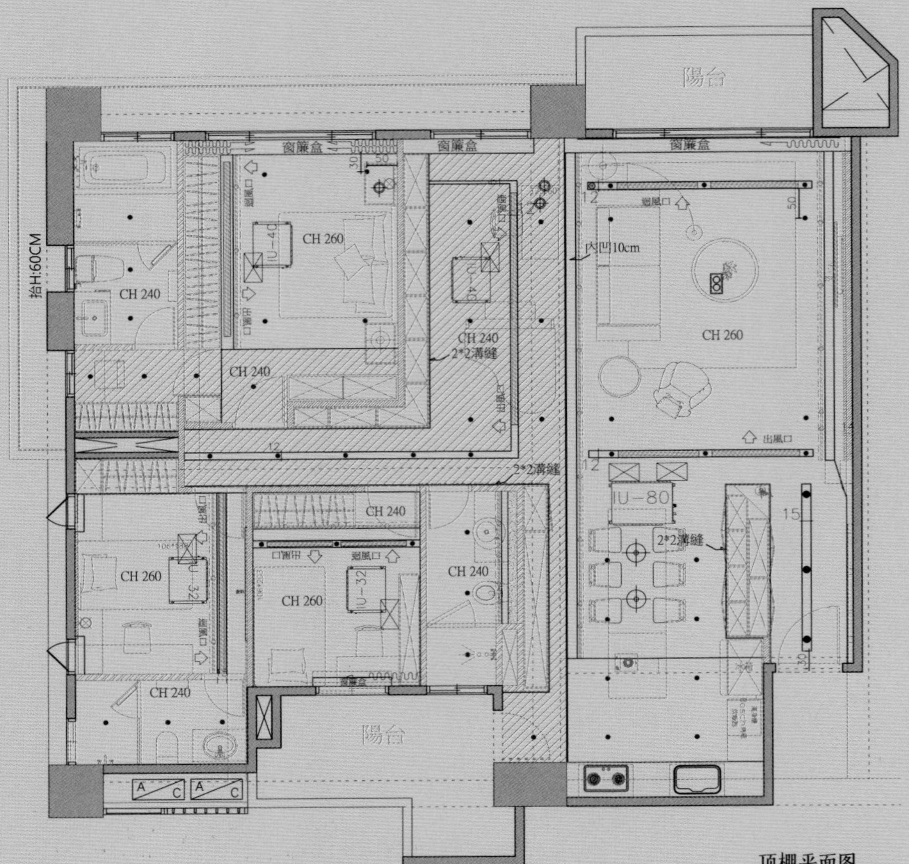
陽台
窗簾盒
CH 260
CH 240
CH 240
2*2溝縫
內凹10cm
CH 260
出風口
抬H:60CM
IU-80
2*2溝縫
CH 240
CH 260
CH 260
CH 240
CH 240
陽台

顶棚平面图

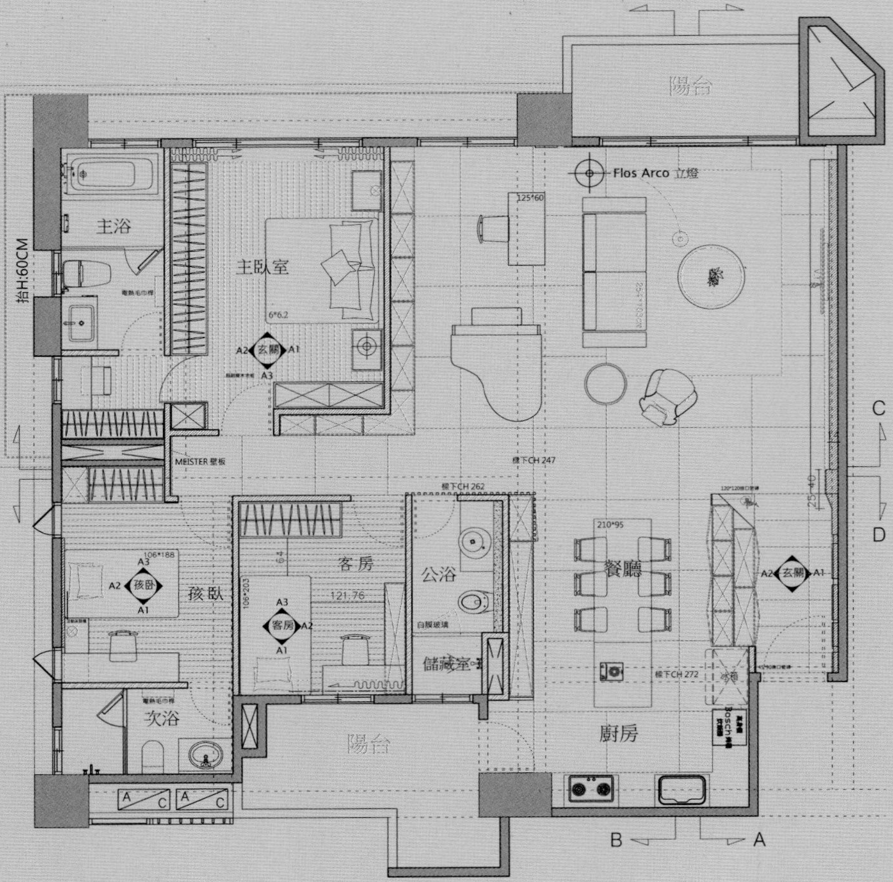
陽台
Flos Arco 立燈
主浴
主臥室
抬H:60CM
玄關
MEISTER 壁板
孩臥
客房
公浴
餐廳
玄關
儲藏室
次浴
陽台
廚房
C
D
B
A

平面布置图

名师点评 配饰元素

玄关转角处，一束修长的插花界定出玄关与餐厅空间，餐桌上的白色小花则在颜色上呼应着洁白、简练的餐厨空间，营造出干净、素雅的清新格调。客厅圆形茶几上的一盆绿植与一侧的犀牛摆件、金鱼挂钟则为居室带来野趣，再加上私密区域随处可见的黑色小鸟、绿植等摆件，共同营造出一个富有自然情趣的阳光居室。

材料运用

名师点评

暖色的大理石铺设出公共空间的基调，天然的纹理脉络在自然光照下依稀可见。客厅白色大理石电视背景墙光滑的表面反射着室外的自然光线，制造一丝灵动的通透感。男孩房运用褐色系的三角形壁砖与白色硬包拼接成一面床头背景墙，深浅的中性色调与无规律的三角形壁砖创造出空间层次感。床头一侧白色大理石桌则延续着主卧的风格，满足业主儿子习作、看书需求的同时，也为室内注入大气感。

灰度变幻

迷迭·灰

地址：台湾省台中市
项目面积：44平方米
摄影：Hey!cheese Photography
主设计师：翁新婷
设计公司：理丝室内设计

居住成员：夫妻和孩子
户型格局：三室两厅两卫
主题风格：现代简约风格

主要材料及工艺

薄板砖、铁件、烟熏实木皮、进口艾格板

创意解读

本案位于台中市。设计师将整个空间的色彩用一种时代的符号演绎出不一样的现代意象，大面积的灰色让空间显得高贵典雅，彰显出不一般的风韵。灰色在设计师的眼中，永远是最美丽、最神秘、最独特的颜色，它那丰富的层次感和色彩感令人为之着迷。

创意造型

名师点评

设计师运用大面积灰色塑造空间，并借由线条利落的轴线在点、线、面之间进行空间架构。在低饱和度色彩的空间中，客厅深色的木质柜体与浅色瓷砖在光影的渲染下呈现刚性内敛的质感，灰网石电视背景墙与隐约的镀钛金属光泽无违和感，两者结合营造出沉稳大气的氛围。壁面材料则以灰板岩为主，穿插纹理细腻的梧桐木，水平及垂直的拼接线条制造出丰富的层次感，铺陈出具有人文质感的自然空间。

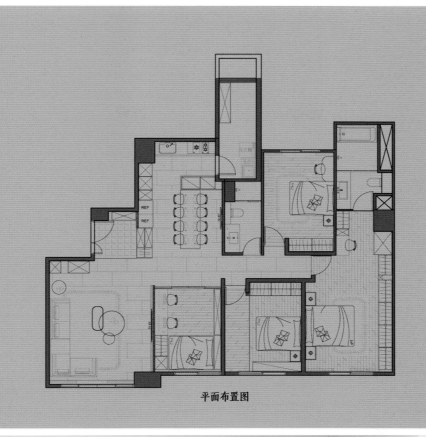

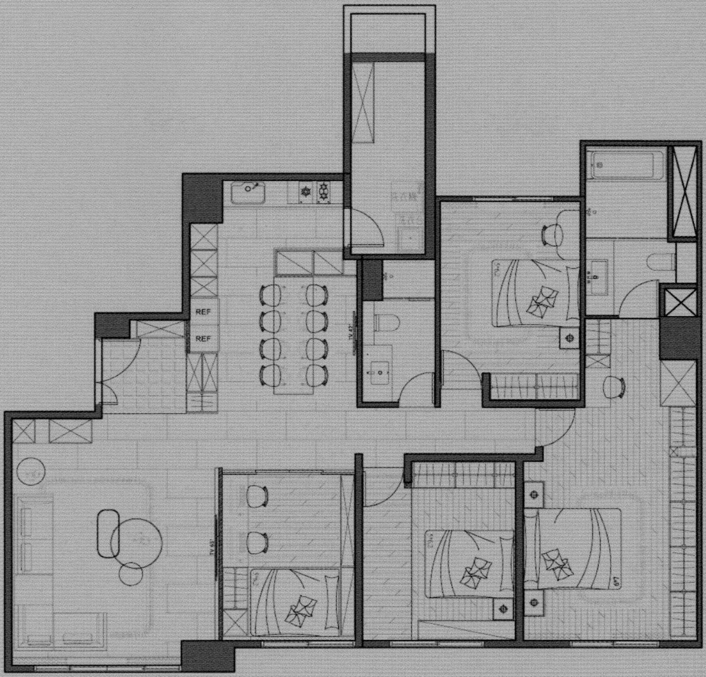

平面布置图

材料运用

材料运用

名师点评

设计师不拘泥于横梁走向的限制，借由原本格局与挑高顶棚之间的错落结构，强化空间透视的立体感；另外，矩形灯槽与嵌入式名牌音响巧妙地融入顶棚中，兼具实用性与美观性。各式木质柜体以染色、碳化方式处理，呈现出柔和的色泽，并在光与影、虚与实之间重新解构。

LESS IS MORE.
[MORE OR LESS]

LESS IS MORE.

画意空间

城市绘

地址：台湾省
项目面积：160平方米
摄影：KPS 黄钰崴
主设计师：王俊宏、蓝介泽、陈新治
设计公司：森境&王俊宏室内装修

居住成员：夫妻和一儿一女
户型格局：四室两厅四卫
主题风格：低调奢华风格

英砖、木百叶门
钢刷木皮、黑板漆、烤漆、雾面石
主要材料及工艺

创意解读

隐于市的低调设计，用画描绘家的精彩。位于闹市区的家，虽是城市拼图的一隅，却是家人生活的轴心。包裹于晨曦微光之中、暮霭柔光之下，家的主题，是满溢的温暖和丰沛的情感。名家作品也好，信手涂鸦也罢，家的价值，不是人生一瞬，而是永恒。设计的美好，不在于繁复与华丽，而在于利落与平实，如同浮世绘以简洁的线条勾勒出市井小民的日常，不浮夸的城市绘，则用设计诉说家的价值。

名师点评 空间布局

设计师以大破大立的手法将空间格局充分打开。通过简化梁柱的结构，将顶棚、地板之间的距离进一步延长，减少压迫感。大面积的玻璃窗为室内引入充足的自然光线，采光不足之处再佐以人工照明辅助。长条形的公共区域将最佳光线留给凝聚家人情感的餐、厨区域，让热爱烹饪的女主人，随时都能与家人进行互动。中岛吧台至餐桌的轴线则一路延伸至舒适的客厅沙发区，确保了空间拥有良好的采光。

材料运用

名师点评

客厅沙发一侧背景墙采用名家的黑板墙画作，白色线条绘制的家人形象带着特立独行的漫画风格，让人不禁莞尔一笑。另一侧木板拼接的深色背景墙暗藏着收纳柜，在灰阶低调的材料色彩环绕下酝酿着属于家的温暖和幸福。私密区域的卧房延续相同的低调与内敛风格，让空间形成“麻雀虽小，五脏俱全”的格局，床头多功能的木质书桌则呼应着上方的木吊顶，同时也表达出都会住宅寸土寸金的珍贵。

人文雅宅

蕴・韵

地址：台湾省新竹市
项目面积：123.7平方米
摄影：刘煜仕
主设计师：王昱承
设计公司：居希室内设计有限公司

居住成员：夫妻和一儿一女
户型格局：三室两厅两卫
主题风格：现代人文风格

灰镜、特殊系统版
铁件、石材、超耐磨地板、地毯、
主要材料及工艺

创意解读

蕴·韵是设计师赋予这个作品独特的语汇，“蕴”即才华之意，蕴·韵形容有才华的文人雅士。设计师从每一处立面、动线、功能的架构上，以建筑缩放的微观角度构思，辅以配色、比例、视觉的美学基础兼顾实用性的整合，在每处构成的线面脉络里，都植入东方文化精粹、大气、和谐的基调，摒弃传统、繁复、冗赘的修饰砌叠，借西方简约时尚的底蕴作为生活区域里主要的背景表情。

空间布局

名师点评

进入空间后，首先看到的是开放式餐厅区域摆放的餐桌椅，餐桌一侧墙面则被做成木质收纳柜，简洁的直线整合了墙面造型。简约、宽敞的长形客厅和书房以大理石作为间隔，客厅和书房都拥有很好的采光。私密区域则是以点、线、面构成，重新演绎三维空间的关系。玻璃折门界定空间的虚实开合，以此来定义内、外区域的不同属性。

名师点评 材料运用

暖色系大理石地砖为冷色调的公共区域带来一丝暖意，客厅和书房透过灰黑色系玻璃营造出和谐、高雅的调性，并以大小不一、间断的灰色大理石界分出不同区域。私密区域里，卧室墙面部分的木作一直延伸至床头，原始的条纹肌理搭配利落的线条赋予休憩空间舒适的自然气息。

自然采光

名师点评

设计师在客厅和书房特意选择简练、低矮的家具维系空间的开阔感，让视野得以穿透的同时，也可以过滤阳台引入的光线及窗外的景致。私密区域里，设计师特意采用具有朦胧感的玻璃折门，阻隔他人视线的介入，保证了业主的个人隐私。同时，也为室内带来理性的绅士品位，尽显独特魅力。

HOME

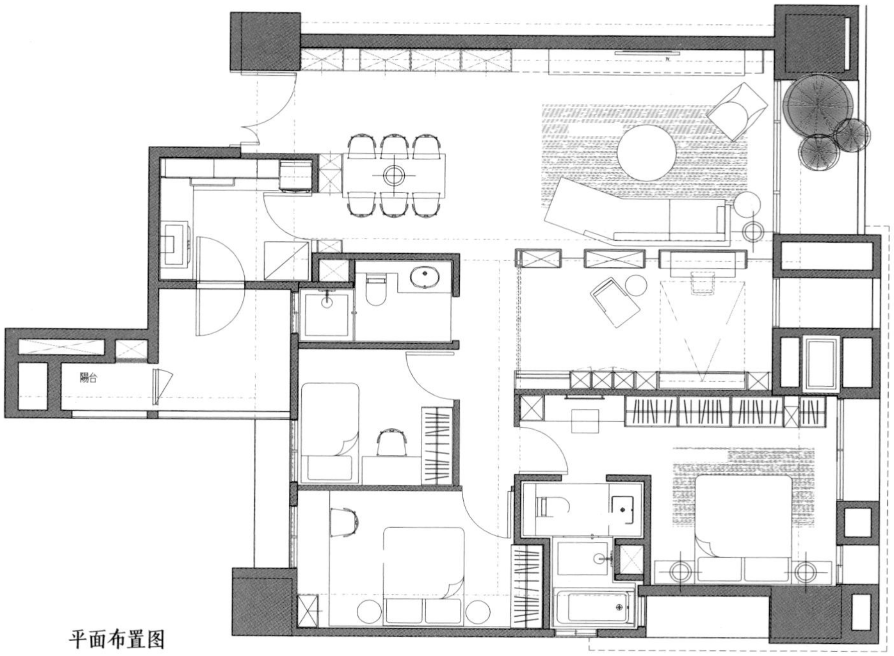

平面布置图

动线设计

台式新简约Ⅳ

在动线设计与功能表现上，设计师善于运用多种富有特色的动线形式及多样化的区域联系，如放射式、环形回绕式、三进院落式的动线形式等，并通过家具、隔断、中岛及廊道等界定不同区域，联结公私区域，引导人流走向，提高不同区域之间的互动，营造出开敞、大气的生活区域。

灵活多变的动线形式

放射式：放射式的动线设计，将开敞、通透的客、餐厅打造成为空间的核心区域。动线充分结合平面轴线，在空间中如同穿针引线一般串联起各个房间，并划分出公共区域与私密区域。这种具有导向性的放射式动线，让整体空间呈现出开放、利落的格局。

环形回绕式：空间将人流引入开敞的公共区域之后，还在客厅与餐、厨区域三者之间形成回形的动线，这样有利于不同空间产生对话，提高公共区域之间的互动性。

三进院落式：设计师以“虚实三进”的概念，演绎中国传统大宅的三进院落式结构，让空间在无形之中引导和延伸人的视线，形成“庭院深深深几许”的空间动线，创造出一框即一景的生活空间。

多样化的区域联系

利用家具界定不同区域：通常以沙发和边柜来划分开放的公共区域，界定不同区域。除了创造回形动线，同时也保留了公共区域的复合式功能，增强各个空间的互动性，延展不同区域的使用功效，营造出视觉开阔、大气开敞的生活区域。

隔断界定不同区域：公共区域一般设置电视背景墙等隔断墙，分隔客、餐厅不同区域。而在私人区域，屏风、玻璃或推拉门隔断的运用可让视觉动线得以转折，并形成独立、私密的过渡空间，分隔公、私区域，保证业主隐私，制造出隔而不断的空间效果。

中岛串联不同区域：在开放式的住宅空间中，常运用中岛来平衡、串联客、餐厅区域，让中岛空间成为视觉焦点。还会规划实用性较强的中心地带，让其成为通往私人区域的一个过渡空间，是业主居家生活的中心，也是凝聚家人情感的最佳场所。

廊道联结公、私区域：设计师特意打造开敞的交通区域，安排圆弧状、线形的走道空间来串联公、私区域，通畅的廊道作为轴线，让公、私区域之间有了富有趣味的转换与界定。沿着廊道进入私人区域，清晰的动线不会产生交叉，有利于实现互不干扰的主、客格局。

框景

林口刘宅

地址：台湾新北市
项目面积：284 平方米
摄影：Hey Cheese!
主设计师：留郁琪、曾致豪
设计公司：CONCEPT 北欧建筑

居住成员：夫妻和三个小孩
户型格局：三室两厅两卫
主题风格：现代简约风格

主要材料及工艺
木皮、系统柜、橡木、灰镜、喷漆、瓷砖、镀钛

创意解读

此案屋主刘先生从事餐饮贸易工作，一家五口原本旅居澳洲。搬回台湾后，希望将原本居住地强调自然与单纯的生活方式带到新的住处。福桦谦邸位于新北市的林口，四周被公园的绿意围绕，建筑本身在户与户之间创造了清楚独立的划分，高楼层的位置可照进充足的自然光。

设计说明

一进

走入屋内，首先映入眼帘的是明亮的玄关。墙上的分割设计弱化了暗门的位置，让空间一目了然的同时又暗藏玄机。地上的石纹瓷砖暗喻的是不修边幅的大气，窗前的木制百叶窗与窗外植物同时提供了一丝书卷气息，两者相映成趣。

二进

从玄关转向公共空间，立即出现的是第二个景致的"入口"。放眼望去，双重门框配以画作摆放的设计，能够以"序列"的错觉延伸空间的无垠感受。深色斗框用意为先压缩观者的视觉空间，让进入以白色为主色调的客厅时，不但视线得以在框架处停留，还会加强空间的开阔感受，同时也有柳暗花明的聚焦效果。使用双染的特殊处理，染上白色纹理的黑木皮，兼具雅致与神秘。

三进

无形的空间动线创造了居住者的直觉路径，沿着序列的轴线来到底端，墙面上的画作既是终点，也是另一个空间的入口。画作前的灯具与家具位置刻意错落，不对称的设计打破制式，巧妙平衡的同时也增添了空间的独特性格。由画外实体家饰的引导，走进画内虚幻的光源方向，观者仿佛参与了一场打破虚实边界的"时空之旅"。

名师点评

创意造型

设计师在在黑与白、框与景之间穿梭，运用空间中光影层次的交叠，还原材质本身纯粹的肌理和质感。试将过度的缀饰降至最低比例，透过“虚实三进”的设计手法，让空间更为内敛、自省，而不着痕迹地去引导和延伸视线，进而细细品味从室外投射至室内的美景。空间化繁为简，单纯却不失去韵味，创造出一框即一景的生活区域。

名师点评

空间布局

设计师以虚实三进的概念，完成这个强调意境的居家空间，让空间不着痕迹地去引导和延伸人的视线，进而细细品味由室外投射至室内的美景。空间化繁为简，单纯却不失韵味，创造出一框即一景的生活区域。一进即为明亮的玄关处，墙上的分割缝设计弱化了暗门的位置，让空间框景一目了然的同时又暗藏玄机。从玄关转向公共空间，立即出现的是第二个景的入口。放眼望去，双重门框配以画作摆放的设计能够以序列的排置错觉延伸空间的无垠感受。无形的空间动线创造了居住者的直觉路径，沿着序列的轴线来到底端，墙面上的画作既是终点，也成为第三个空间，即私区域的入口。画前的灯具与家具刻意错落摆放，不对称的设计打破制式想象，巧妙平衡二者的同时也增添了空间的独特性格。由画外实体家饰的引导，走进画内虚幻的光源方向，观者仿佛参与进行了一场打破虚实边界的“时空之旅”。

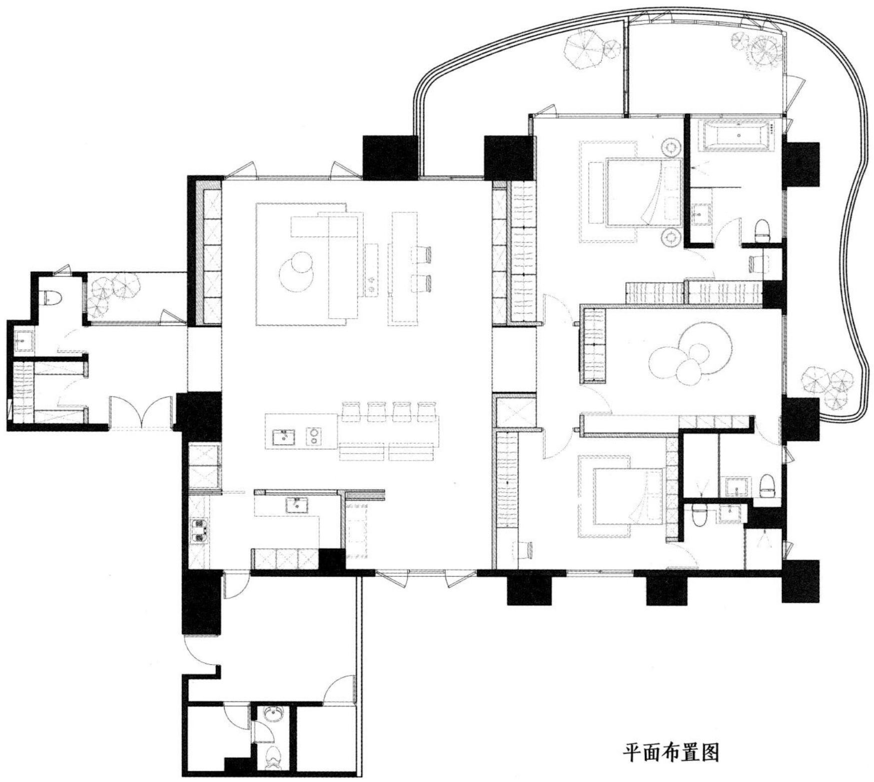

平面布置图

色彩搭配

名师点评

以白色为主色调的客厅，地板温润的木色让人感觉美妙而浓重。浅棕色的仿旧地毯与灰色布艺沙发进一步烘托空间气氛。搭配沙发上几个黑色、褐色系靠枕的点缀，增加了空间层次感。卧室延续客厅的木色及黑、白两色，用木地板呈现出整体舒适的氛围，再搭配暗色的床单、靠枕及窗帘布等布艺，营造出沉着、自然的卧室色彩。

情景交融

一悦藏 · 廖公馆

地址：台湾省新北市
项目面积：210 平方米
摄影：Hey Cheese!
主设计师：李冠莹、谢佳颖
设计公司：权释设计

居住成员：夫妻
户型格局：四室两厅三卫
主题风格：现代简约风格

主要材料及工艺

超耐磨木地板、灰镜、盘多磨地面烤漆、实木皮、特殊色漆、仿水泥漆、黑铁、

创意解读

设计总监 Ivy 与设计师 Amanda 认为，好的作品应该是蕴含着情感流动的空间，因此要有双向良好的沟通才是成就完美设计之道，用如同手艺人的匠心精神与无法对质感妥协的态度，深化空间的舒适与细节，让设计成为空间的基础。而创意则是加分的工具，并针对屋主的需求，提供有效而适宜的解决之道，使夫妻两人的居家生活充满温馨和欢声笑语。

动线设计

名师点评

设计师运用流畅且合宜的动线陈设，确保了整个公共区域的完整性。公共区域用半高的电视背景墙界分客厅、餐厅与书房三个不同区域，连贯的公共空间走道则是留给在未来小朋友的游戏走廊。另外设计师贴心地在餐厅走道转角的内墙处临时性设置了一个小狗屋，让动线流畅的同时，也方便增加家中的小狗与家人之间的嬉戏互动。

名师点评 材料运用

屋主喜欢简单明亮的空间，希望减少镜面与线条的堆叠。为此设计师着重细节及材质的比例铺陈，让简练的空间中蕴含兼具质感与结构美学的视觉感受。客厅盘多摩地面手作的天然纹理，不会藏污纳垢且易于清理、维护。特殊仿水泥漆处理的半高电视背景墙穿插光滑的长形木质餐桌，在为公共空间增添一抹纯朴质感的同时，也很好地界分出客厅、餐厅与书房的不同区域。另外，为缩短隔间与家具陈摆的线条，顶棚的内层用紫灰色带出立体视觉，地面也用不同的材质来区分多个场域，将一切化繁为简，衍生出对结构的深度思维。

名师点评 色彩搭配

用大面积低彩度的黑、灰、白搭配局部木皮，营造出既简单又不失温度的居家调性，以黄色带出新生儿一般既活泼又充满希望的生命力，另外也运用了互补的紫灰色为空间聚焦，为生活在这里的一家人，增添色彩缤纷的生活纪录。

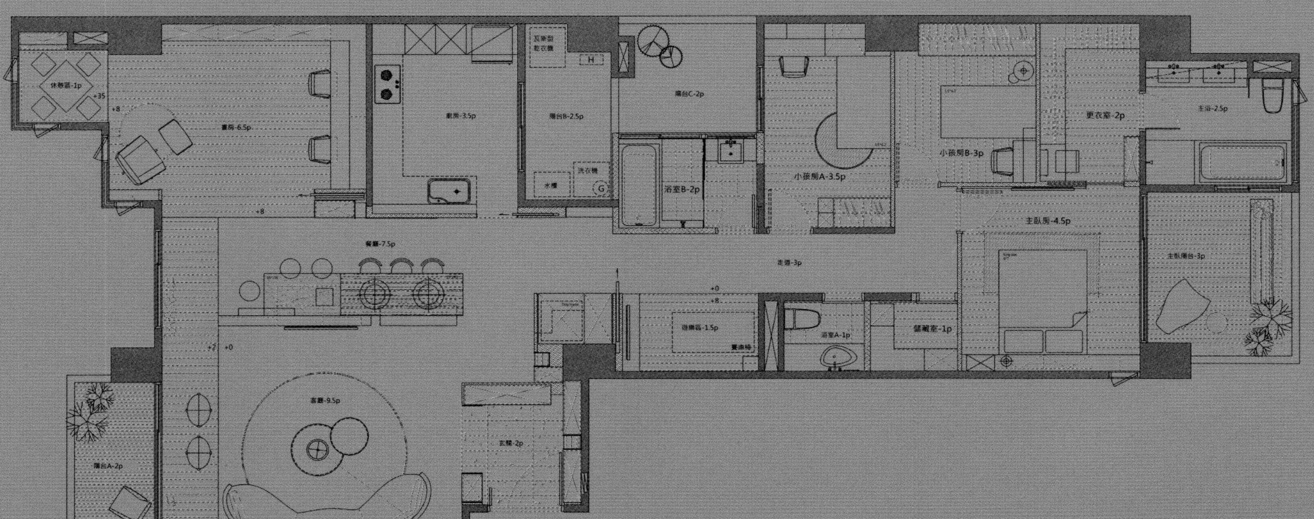

平面布置图

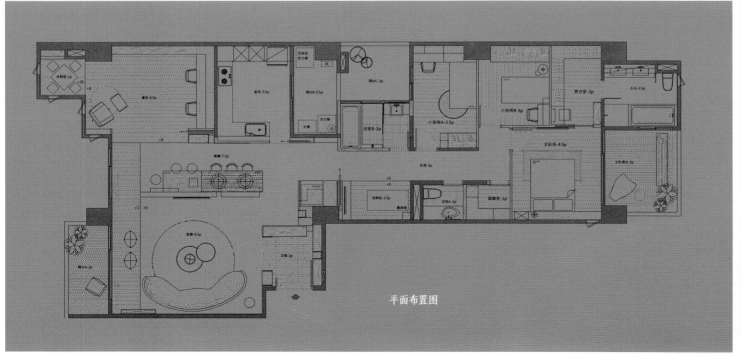

闲趣遐想

自在

地址：台湾省新竹市

项目面积：约 281 平方米

摄影：威米锶空间摄影

主设计师：禾观设计团队

设计公司：禾观空间设计

居住成员：夫妻

户型格局：三室两厅两卫

主题风格：现代人文风格

主要材料及工艺

仿清水模、实木染色、铁件、进口壁纸

创意解读

本案是一个面积约为281平方米的大宅，居住者则是夫妻两个人与一只猫。设计师通过解构隔间、收齐柜体，赋予公共区域更开阔的视野与更流畅的动线。在材料选择方面，设计师通过引用仿清水模墙面与染色实木、铁件等材料，塑造出一个集收纳与美感于一体的住宅空间。

名师点评

收纳设计

客厅的电动投影幕布赋予住宅影院般的观影感受，在一侧墙面，设计师则沿窗增设由木质搁板与收纳柜组合而成的卧榻，增加坐席与收纳功能，方便亲朋好友在家临时休憩，营造出适宜接待亲友的融洽氛围。考虑到屋主经常有接待亲友的需求，设计师还在餐厅中配置由人造石材构成的大型中岛，并且采用染色橡木皮、仿清水模来修饰、整合冰箱与红酒柜，塑造出兼具美感与收纳功能的组合柜体，方便业主与好友在中岛空间欢聚、用餐。

空间布局

名师点评

在空间规划上，设计师让整体呈现出开放、利落的布局。设计师通过拆解客厅原有的隔间，剔除封闭的沙发背景墙并且抬高地面，重新规划出一个区域给开放式书房，从而加深客厅区域的深度，扩大公共区域的行走范围，促进不同区域之间的交流互动。沿着中部的走道步入私密区域，设计师将左侧采光相对良好的区域规划给了主人房，右侧则留出两间客房，清晰的流线设计不至于让动线产生交叉，从而实现主、客互不干扰的私密区域格局。

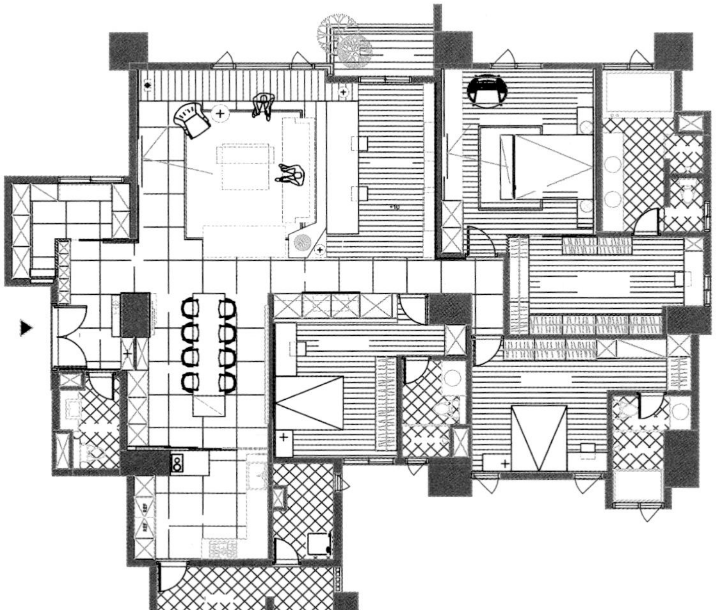

平面布置图

浪涌律动

辉泰琴海样板间

地址：台湾省桃园市
项目面积：231.8 平方米
摄影：李国民
主设计师：陆希杰
设计公司：陆希杰设计事业有限公司

居住成员：夫妻和一儿一女
户型格局：三室两厅两卫
主题风格：现代简约风格

主要材料及工艺

大理石、实木地板、UV 板等

创意解读

流动的现代简洁住宅 。透过琴海和建筑波浪的概念，在室内创造一种流动性与通透感。以白色空间为主体，只在重点的位置点缀不同的颜色或材料，让空间自己发声。顶棚的设计利用不同高度的曲面，彼此交错，创造出空间的层次感，当屋主在空间中游走的时候会发现这样的设计让空间有了不同的压缩和开放感，在某种程度上也是试图引发人们对海浪的一种想象。平面的安排是用一个圆弧的走道来串联所有的空间，让卧室和客厅、公共和私密之间的转换有一个趣味的界定。

动线设计

名师点评

设计师特意安排一个圆弧的走道空间来串联整个公共、私密区域，让两个空间之间的转换有了一个趣味十足的界定。走出方正格局的玄关后，墙面突然变得柔和起来，弧线造型的走道自然而然地将人引入公共区域，客、餐厅与厨房三者形成一个回形的走线。私密区域则分布在以公共区域为中心的东、南两侧，主卧在南侧，次卧、客卧在东侧，由此设计出主、客互不干扰的私密区域动线。

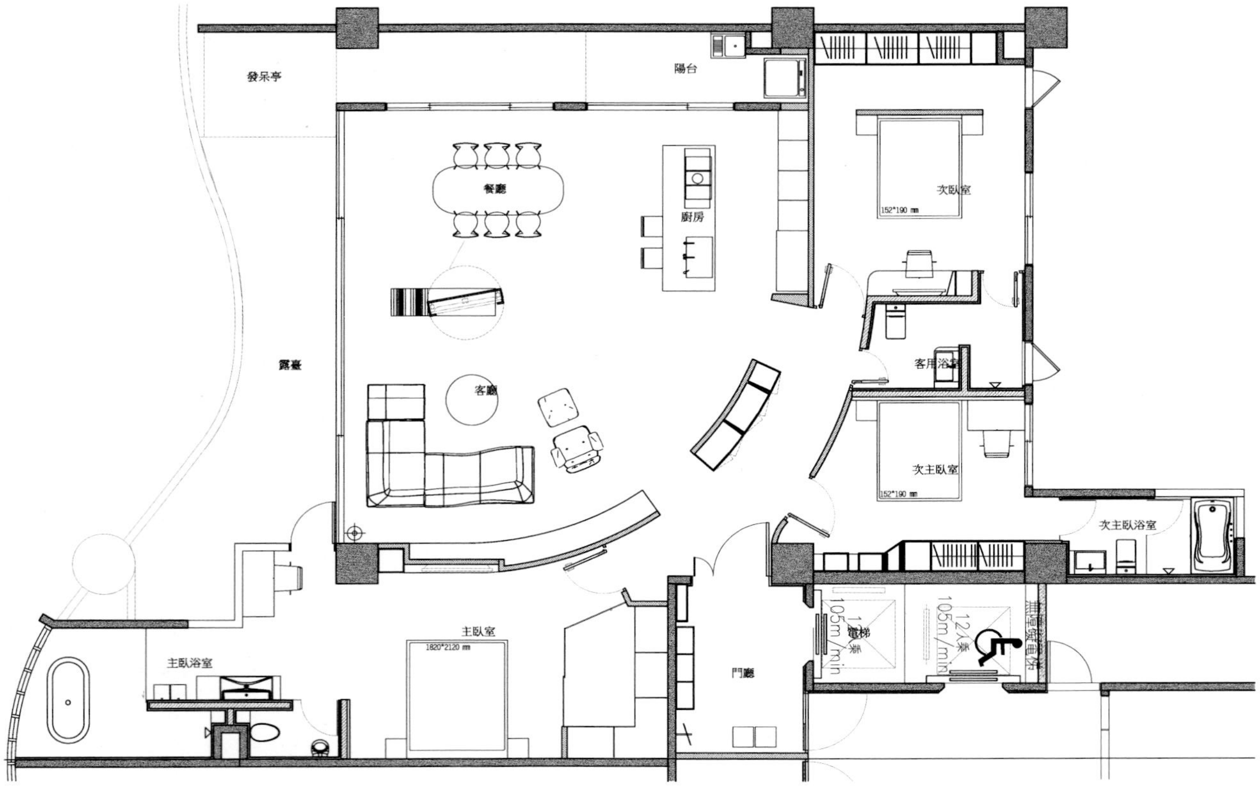

平面布置图

创意造型

名师点评

公共空间白色顶棚利用不同高度的曲面，彼此交错，创造出空间的层次感。搭配不连续的弧面造型墙体，让空间有了韵律感，也是试图引发业主对海浪翻涌的想象。设计师将客厅白色烤漆板围合成一个弧形沙发背景墙，并将其打造成一个兼具收纳与观赏功能的嵌入式柜体，在形式上与餐厅椭圆形的大理石餐桌相呼应，形成空间的协调与统一。

光之奏鸣曲

隽永刻画

地址：台湾省新竹市
项目面积：约 238 平方米
主设计师：黄重蔚
设计公司：新澄设计

居住成员：父母和子女
户型格局：三室两厅两卫
主题风格：轻奢风格

主要材料及工艺

实木地板、木皮、石材、金属、线板

创意解读

屋主一家人从项目还是毛坯房时期就与新澄设计合作，期望设计师能将采光优良、通风佳的优势，发展成为大器却不显过度奢华的现代风格宅邸。以大地色系为基调的主卧，比照欧美规格，结合起居、阅读功能，成熟的木皮床头墙佐以石纹踢脚线，完成了屋主对现代风格大宅专属质感的期待。

BOB
MANDERS

灯饰照明

名师点评

客厅一盏树枝状造型灯透过光影层次，让会客的气氛更显温馨。后方餐厅的水晶吊灯则为居室带来无尽的奢华感，同时也为屋主一家用餐提供主要照明。而另一侧圆凹造型的顶棚悬挂着一盏金色的环状吊灯，在造型上呼应着下方的圆形餐桌，搭配背景墙黄色的灯带，营造出浪漫的用餐氛围。

动线设计

名师点评

设计师巧妙地利用客厅黄昏蓝布艺沙发和实木边柜来划分全开放空间中的区域，同时也保留了公共区域的复合式功能，串联起书房与客厅两个不同区域，大幅提高了两者之间的互动性。而针对收纳功能，为了不影响开阔的设计动线，设计师沿四面墙进行收拢整合，由此创造出大面积的收纳空间。

名师点评 材料运用

针对大宅材料质感的营造，设计师在空间中注入新古典元素，客厅运用人字拼接顺应轴线铺设原木色实木地板，并在顶棚采用细密的线板框出雅致层次，佐以造型特殊的悬吊水晶灯拉伸顶棚的高度。电视背景墙则采用对称的概念，结合白色大理石与木皮线板，打造出低调而又奢华的氛围感。餐厨空间延续客厅的沉稳风格，以石材与木皮打造大器氛围。人字拼接的木地板铺设至空间最深处，白色大理石的墙面、吧台台面则让整个空间更显宽敞、不逼仄。

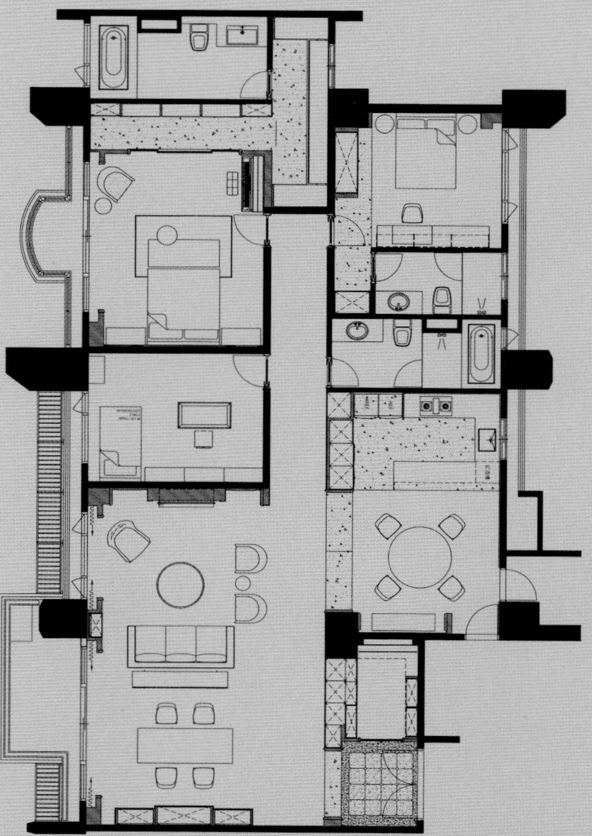

平面布置图

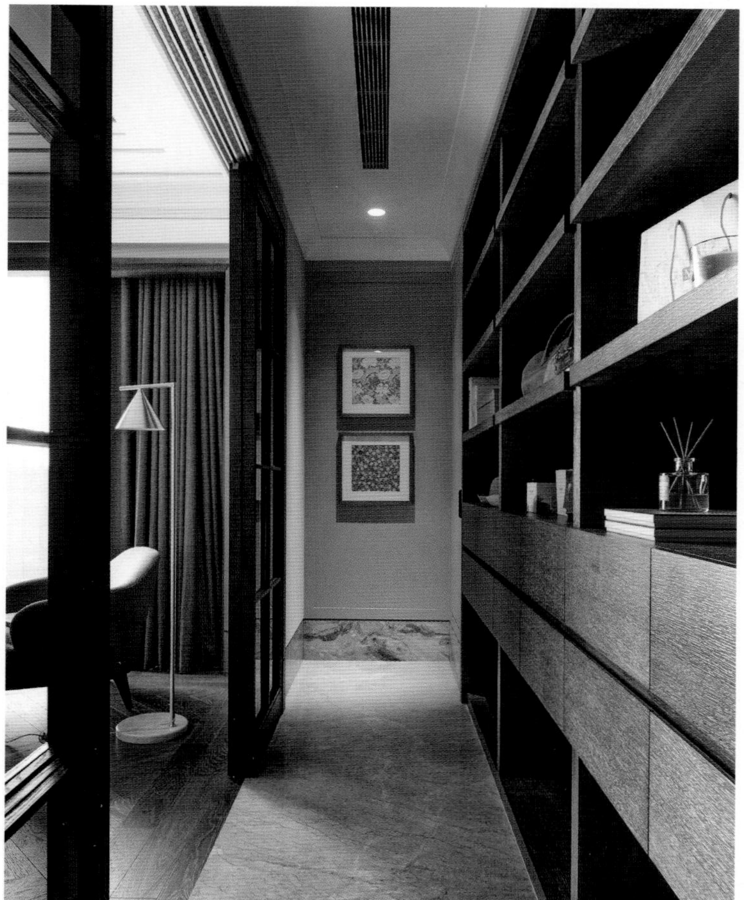

双生

岳泰峰范·郑公馆

地址：台湾省台北市
项目面积：408平方米
摄影：岑修贤
主设计师：李冠莹
设计公司：权释设计

居住成员：兄弟
户型格局：四室四厅四卫
主题风格：现代古典风格

创意解读

这个设计项目相当特殊，是权释设计最新完成的二代住宅规划作品。在大陆经商的业主，于北部的超高建筑里购买了三间住房，想打造属于家族的都会垂直院落。业主过去多次委托权释设计规划自己家族的住所，相当了解并信赖他们的专业，且因商务关系长驻海外，在深信李冠莹总监的设计能力下，将房屋全权交由权释设计，并由其来提出这个二代住房的企划案。

主要材料及工艺

皮革、系统柜、铁件、镀钛板、进口水晶灯、进口壁纸、烤漆、钻雕灰镜、灰玻、茶镜、卡拉拉白大理石、灰网大理石、银狐大理石、

设计说明

整体空间在维系和长辈居所风格一致的前提下，因应年轻一代的喜好而做了些许调整，选用大理石材、绷布、壁纸和格栅，为室内创造更多元的装饰，在新古典主义风格的基础下，与现代美学元素的混搭。考量业主对儿子们无私的爱与呵护，李冠莹总监以镜射对称方式，为业主双胞胎儿子的房间，提出同款空间设计的企划案，并仅在家饰选配上做些微调整。

给予的宽阔感与自由度，同时也契合着年轻一代的喜好和追求，在新古典主义的浪漫情怀下，让理性与感性的物品以镜射方式在此交织。

色彩搭配

名师点评

在室内色彩的搭配上，除了以白色基底作为背景，设计师还考虑到高楼的采光条件与视野的问题，巧妙地加入蓝色与灰阶元素作为点缀。客厅白色的墙面与吊顶在黄色光带的掩映之下，呼应着暖黄色的地板，银狐大理石铺设的电视背景墙则结合灰网大理石的边框设计，与灰色蓬松地毯相映成趣。一侧蓝色三人座沙发则成为公共空间的跳色，以此来呼应窗外的蓝天与白云，同时也为室内注入自然气息。

空间布局

名师点评

低楼层的项目是业主自己的居所，高楼层左右两间单元房则分别由业主的双胞胎儿子居住。设计师运用镜射对称的概念，以建筑物的中央垂直廊道作为中轴，为业主的双胞胎儿子做出同款的空间设计。除了卧室、卫浴空间外，客厅、餐厅和厨房都在完整的规划之内。设计师在空间格局与功能表现上，还保留了扩展的弹性空间，为业主创造出清晰且深具艺术活力的格局。

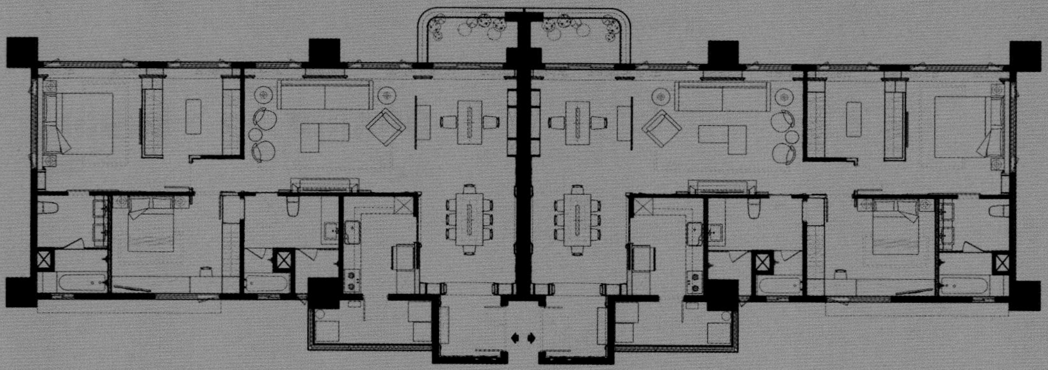

平面布置图

创意造型

名师点评

设计师从古典主义的建筑空间出发，强调对称、比例、几何和物品的规律，并糅合现代设计的美学经验，将圆柱、壁柱和门楣等语汇有秩序地植入到室内空间中，赋予居室以人文而又大器的场所精神。设计师还从业主的立场考虑，希望给予两个儿子同等无私的对待，于是将上海双子洋楼淮海路796的历史建筑物的语汇，灌注在这个两代人居住的家族现代宅邸里。

平衡美学

朴庄张公馆

地址：台湾台中市
项目面积：688 平方米
摄影：朴叙空间创意有限公司
主设计师：柯依辰
设计公司：权释设计

居住成员：三代同堂
户型格局：九室三厅
主题风格：低调奢华风格

创意解读

此案以新古典风格为主要调性，串联起三代同堂的各自喜好，让空间设计与生活相辅相成。让家中每个成员能沉浸在充满奢华氛围的饭店感居家设计中。因工作需要时常往返国内外的张先生，虽然有很多机会体验高级饭店的住宿品质，但回家与亲人相聚的时间对他而言更是可贵。起初屋主希望能呈现出古典的氛围，但典型的古典设计追寻视觉上平衡的美感与华丽的装饰，较为复杂的设计对于三代同堂来说似乎不是最合适的选择。设计师以不过于极端、不置入过多繁杂装饰及线板为设计目标，融合现代简约的古典情怀，为一家人打造出一个轻奢华感觉的住宅。

进口木地板、镀钛钢板、铁件板岩、天然木皮、环保系统板、钢琴烤漆、大理石材、镜面、玻璃、壁纸、绷布、

主要材料及工艺

设计说明

主空间专属的同心圆装饰，为本案最贴心的设计。设计师在玄关、客厅、餐厅，皆以同心圆为中心，以不同材质接口为创作素材，创造出专属于张先生一家人的图腾。同心圆象征着家人之间的凝聚力与情感，也代表主空间是作为所有家庭成员聚集一起的场所。家，是永远的避风港。

名师点评 创意造型

设计师与屋主协调沟通后，决定重新配置元素，以介于刚硬与柔和之间的材质作为基底展现出新古典的设计风格。主空间专属的同心圆装饰，为本案最贴心的设计。不管是玄关白色壁面上那大大小小的同心圆，抑或是客厅黑色的圆形毛绒地毯与上方圆形的吊灯、吊顶形成的协调与统一还是黑杆玻璃门的圆形花纹设计师皆以同心圆为发想，以不同材质为创作素材，创造出专属于张先生一家人的图案，象征着家人之间的凝聚与情感。

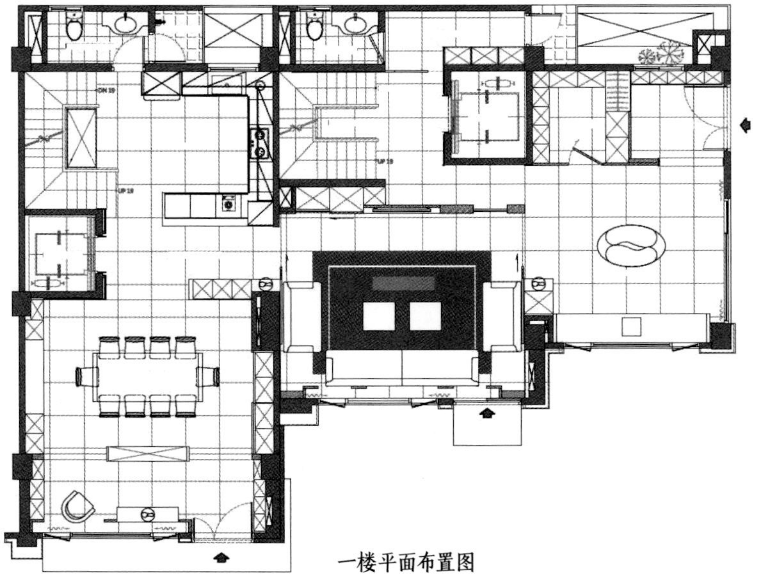

一楼平面布置图

RIBBON ARCHITECTURE

BOB MANDERS
RIBBON ARCHITECTURE

动线设计

名师点评

设计师将在台中西屯两户透天别墅的楼层打通合并，并结合饭店的度假质感和家庭的温暖气氛，最终打造了一个维系三代人情感的礼物。开敞通透的客、餐厅成为空间的主要区域，并结合平面中两条竖直的轴线串联起各个房间，从而划分出公共区域与私密区域。在私密区域，设计师以家人个人喜好与习惯去做调整，打造完美的私密区域。以客、餐厅为主轴，串联各房间调性，划分出公共区域与私密区域。设计展现了充满底蕴的典雅之美。

鸟度屏风里

HS HOUSE - 岩屏山岛

地址：台湾省台中市
项目面积：280 平方米
摄影：吴启民
主设计师：朱伯晟、蔡雅怡、廖邑庭
设计公司：玖柞设计

居住成员：父母、夫妻和孩子
户型格局：三室两厅两卫
主题风格：人文古典风格

主要材料及工艺

石材、钢刷木皮、镀钛金属、皮革

创意解读

本案“屏岛”取材自屏风的抽象概念，并由平面推拉成量体，延伸出屏风的照壁化直接为转折，诠释着动态而又神秘的风水哲学。设计师还在动线分流上做了适当的调整，协调不同使用者在空间中的生活节奏，各自独立却又彼此包容，相互联系却不彼此干扰。

BYOUNG CHO

名师点评 创意造型

屏岛是业主日常出入的玄关空间，它既可作为艺术品展示区，也能够充当女主人数量可观的精品鞋子的收藏区。设计师还在玄关顶棚的面材张贴黑色玻璃镜面，让女业主外出时能够借着镜面尽情地搭配合适的鞋子，增添日常生活的趣味。另外，从室内另一角度观看屏岛，屏岛便可成为客厅的电视背景墙，并透过一体四面的设计，界分出整体空间的内与外，为业主带来“横看成岭侧成峰”的空间乐趣。

BYOUNG CHO

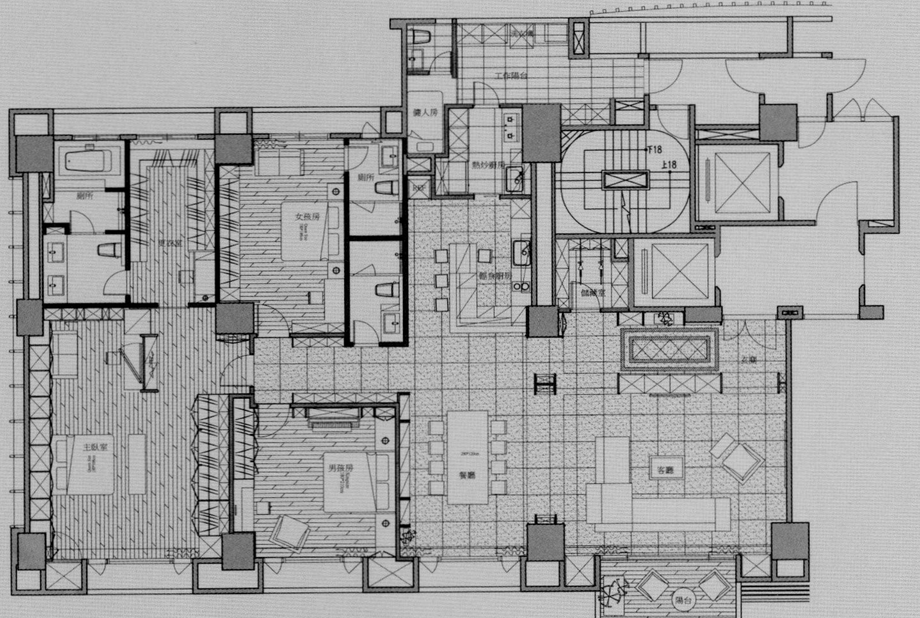

平面布置图

设计说明

细长轴线展示廊道，串联起空间中的玄关、客厅、餐厅、主卧与入门处特制对称铁制造型灯箱，随着脚步移动与视野节奏，一步一步地由外部慢慢渗入室内空间，当主卧大门开启时刻，再一次传达了"屏风"的概念，这次转化成一道墨彩画墙。画墙让轴线在视线与动线具有转折性，成为主卧专属的小玄关空间，也同时为偌大的主卧空间规划出一角独立且私密、舒适的空间，区分公共与私密区域，为主卧留下隐私。

平面布局的另一相交轴线，穿越开放空间区域，轴线尽头是两边端景墙，挂有带着鲜明的简约而现代风格的墨彩画作。与对称灯箱对比，一侧采用热情的红色画作，在餐厅区则为两幅抽象的人物画作，灯箱与画作丰富了空间故事。虽然平面布局动态活泼，却仍保有强烈的轴线关系与方向感，蕴含着在开明、活泼的家庭氛围中，婉转的道尽家人间相处的主次伦理与圆满之道。

名师点评

动线设计

细长的展示廊道串联起玄关、客餐厅、主卧等室内空间。一条轴线穿越开放的公共区域，尽头是客、餐厅两边的端景墙，墙上挂有简约而现代的墨彩画作。一侧是热情的红色画作，另一侧餐厅区则为两幅抽象人物画作，搭配对称摆放的灯箱，丰富了空间的故事感。来到私密区域，当主卧大门开启时，一面传达了屏风概念的墨彩画墙让视觉动线得以转折，并让此处成为主卧专属的小玄关，同时也为偌大的主卧空间规划出一角独立而私密的空间，区分公共私密区域，保证业主的个人隐私。

书香氤氲

新竹和风宅

地址：台湾省新竹市
项目面积：480 平方米
摄影：刘欣业
主设计师：黄晓雯
设计公司：羽筑空间设计

居住成员：夫妻
户型格局：两室两厅两卫
主题风格：现代风格

主要材料及工艺
涂装木皮板、观音石、人造石

创意解读

本案屋主偏爱日式居家风格，希望家中能够呈现沉静的禅风意境，不管是在和室里，还是窗隙间倾泻的光影，都可以成为一道独特的景致，更是一种强大的灵感。我们希望这个空间能够让人用平静的心态去感受简单的生活。同时，在这个平静、舒适的空间里，对于各种活动都可以进行天然的启发，它可以是同时激发感官和平静心灵的居所。

CENTURY

材料运用

名师点评

客厅里，设计师运用大量木质语汇铺陈空间调性，透过深浅色木皮搭配，营造一处温暖、质朴的宜人居所。运用单纯而反复的垂直线条则让空间呈现出素朴、简单的氛围，空间中天然材料的运用便是东方自然美学的体现。在和室里，设计师则用格栅玻璃拉门作为隔断，并沿墙壁规划整面木质书架，用来摆放屋主大量的书籍，让和室化身为藏书阁，时刻充满书香气息。

名师点评 动线设计

应居住者的需求，设计师在大门处规划了一间架高和室，格栅玻璃推拉门让此处成为一个单独的阅读空间，打造出弹性开放的活动区域。在开放式的公共空间里，一面黑色电视背景墙将和室与客厅进行分隔，客厅空间的后方新增一座与餐桌相连的中岛，结合实用的水槽设计，创造出简易的轻食区，为业主的生活增添许多乐趣。一家人也可以在此阅读、谈心，提升家庭互动关系、增进彼此情感交流。

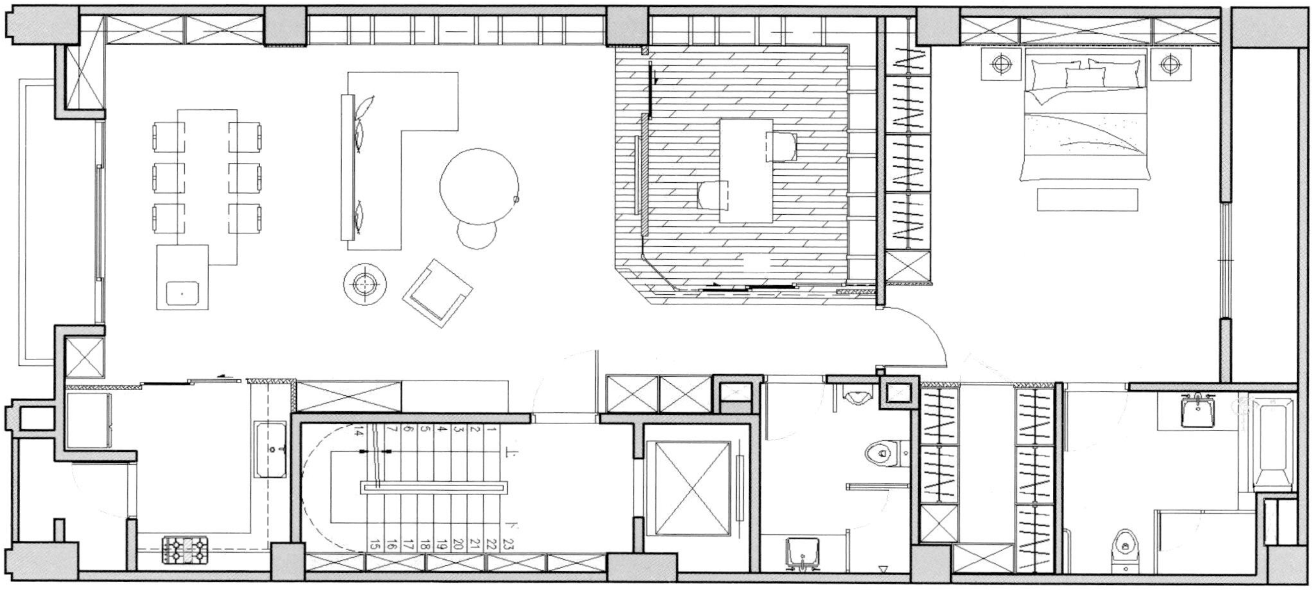

平面布置图

流连光影

生活容器

地址：台湾省
项目面积：242平方米
摄影：李国民
主设计师：何俊毅、廖亮宜
设计公司：好适设计

居住成员：夫妻和一儿一女
户型格局：三室两厅两卫
主题风格：风格

主要材料及工艺

胡桃木皮、核桃木皮、木地板、壁纸、铁件、玻璃

创意解读

将空间升华为满载亲情交流及优雅品位的生活“容器”。运用多样化的材质陈设空间动线及采光照明搭配，整体空间调出带有芬多精香气的优雅氛围创造出一个舒适的生活空间。男、女业主对于空间风格的喜好不同，男性业主钟爱沉稳、理性的空间，而活泼、明亮的装饰风格则是女性业主喜爱的风格。因此在利落流畅的空间动线下，搭配自然温润的材质作为男业主喜爱的空间基调，再选用中、高彩度的圆润配件，满足女主人喜爱的装饰品位并点亮空间。整体空间在沉稳、简约之中夹杂着活泼、明亮的元素，糅合阴阳两性，让业主能与家人共享品位生活。

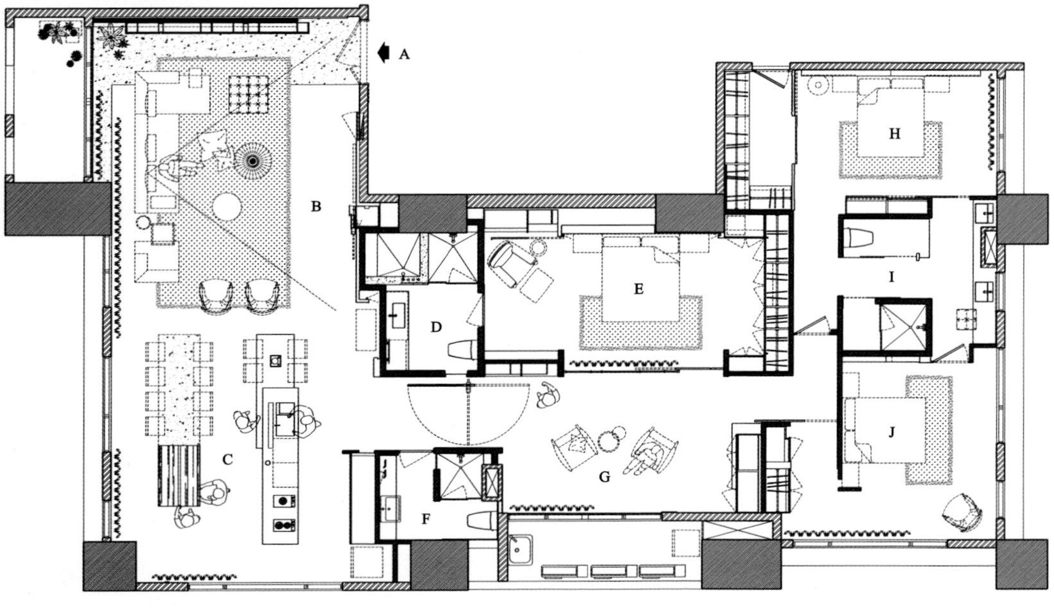

A. 入口处
B. 客厅
C. 餐厅及厨房
D. 主卫
E. 主卧室
F. 客卫
G. 阅读区
H. 卧室一
L. 次卫
J. 卧室二

SCALE:1/50CM

平面布置图

材料运用
名师点评

在公共区域里，设计师选择深色胡桃木铺叙顶棚及壁面， 搭配质朴的木地板，再结合拥有柔和线条的软装家具，展现出公共空间的温润及大器。主卧房黑色床头墙面设置木板凹槽用于局部人工照明，同时也便于主人收纳摆放物品。四周铺以浅色核桃木的推拉门收纳柜及墙面，带出私区域的舒适感及无压感。

名师点评 空间布局

设计师将客厅、餐厅及厨房放置于开放区域，用两座整齐并列的长形家具量体界定厨房及餐厅，让公共区域在使用功效及视觉感官上延展至最大，同时打开与家人一起共享生活的愉悦区域。而空间中心地带则规划给了阅读区，阅读区是通往主卧房及卧室的过渡空间，小巧的阅读空间使人找回最大的安全感，让家庭成员能够面对面的敞开心房，彼此交流、谈心。

色彩搭配

台式新简约Ⅳ

在住宅中木材、石材占比很大，因此呈现出的主色调多是素洁、高雅的灰、白色及自然、温和的木色。同时为了丰富空间中色彩的层次，设计师适当加入低调沉稳的中性色及小面积的蓝、紫、黄、橙等作为点缀，并体现在软装布艺、家具陈设上，多层次的色彩运用渲染出一个温润素雅或沉稳厚重的住宅空间。

多层次的中性色

在公共区域里，设计师常常以不同饱和度的黑、白、灰及木色等，营造出素雅、质朴的人文气息，并适当在软装、家具上点缀低饱和度的冷色调，例如墨蓝、墨绿色的沙发，深紫色的毛绒地毯等，丰富了空间层次，营造出庄重典雅的会客氛围。私人区域则延续公共区域的中性色调，通常用浅色地板呈现沉稳的基调，搭配黑、白、灰、棕色等中性色系的软装布艺，烘托出素净、恬淡的休憩氛围。

明亮宜人的纯色调

住宅常以清新、明亮的白色、木色为主色调，以纯白有细腻纹理的大理石地面、纯白的主墙，搭配浅色的木质墙面或顶棚，演绎出明媚、宜人的阳光美宅。再配合小面积暖色点缀的家具软装、绿植花艺，比如客餐厅摆放的几束纯黄、橘的花卉，就能令空间洋溢活泼轻快的气息；或者是卧室的明蓝、草绿色的布艺床品，令宜人的色调延续着素洁、清丽的美感。

亮丽的点缀色

家具软装、花艺绿植的亮丽颜色点缀色，往往令空间更加多姿多彩，是调剂空间氛围的极佳装饰手段。整体以白色、木色为基调的空间，选用蓝、黄、橙色等亮丽色调的家具或花艺，可为空间注入活力。比如一张蓝色沙发可让空间显得冷静沉稳，一捧明黄色的花束则让空间显得更加活泼生动。家具软装、绿植花卉的亮丽点缀色往往与空间的整体造型及格调统一，并让人获得轻松愉悦、舒适自在的感受。

蓝色幻想曲

生活序曲-1680

地址：台湾省台北市
项目面积：约 215 平方米
摄影：Ken
主设计师：虞国纶
设计公司：格纶设计工程

居住成员：父母和女儿
户型格局：三室两厅两卫
主题风格：现代艺术风格

创意解读

本案在毛坯房阶段就开始着手规划，借由音乐、艺术与书香的亲密交融，让空间有了鲜活的生命律动。磅礴却又内敛的锋芒带出雄浑气势，精炼的动线、量体、空间造型之间的延伸、交叠及适度的留白，成就了无与伦比的心灵美宅。

主要材料及工艺

生墙、原装家具、原装灯具、订制铁件、陶瓷烤漆、进口瓷砖、订制植水染木皮、棕榈灰大理石、雕刻黑大理石、

创意造型

名师点评

步入门口玄关处，最先映入眼帘的是两侧墙面展开的白色立体序列，高低起伏的30度锥体的灵感则来自于教堂内巨大的管风琴，隐喻着满室悠扬的复调旋律，在动静之间演绎出有主、次之分的设计主题，给人以无与伦比的观感享受。公共区域用不同材质的地面区分不同的区域，玄关处用黑色大理石铺设地面，木质地板则赋予了客、餐厅区域。客厅电视背景墙灰色大理石雕筑的壁炉，结合由大小不一的方格组合而成的木质收纳架，在LED光带的映照下，整体呈现出明暗有致的光影层次。

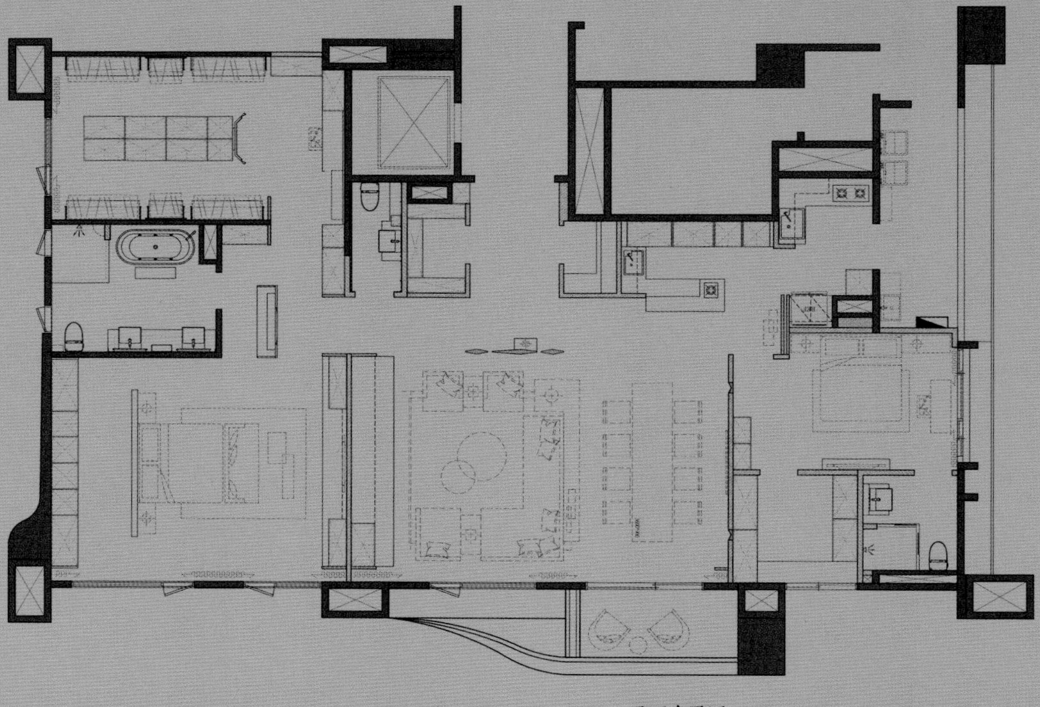

平面布置图

设计说明

入门玄关区映入眼帘的是两侧迤逦开展的白色立体序列，高低起伏的 30 度锥体，极其精致。顶部洗墙光源映照下，呈现明暗有致的光影层次。灵感则来自教堂内巨大的管风琴，意象隐喻满室悠扬的复调旋律，动静之间完整演绎有主有从的设计主题。

借由音乐、艺术与书香的亲密交融，让空间从此有了鲜活的生命律动，磅礴却又内敛的锋芒带出雄浑气势，精炼的动线、量体、空间造型的延伸、交叠以及适度的留白，成就了无与伦比的心灵美宅。

名师点评

动线设计

设计师从零开始，打造出专属的空间使用范畴与功能配置，运用高低错落的不同材质延伸空间的层次感，从而区分出纵深大器的公共区域、尊荣的大主卧以及精致优雅的女孩房等。

中部布置的玄关从外到内连接着公共区域，公共区域中间一张灰色四人座大沙发区分客、餐厅两个不同的区域，主卧与女孩房则分布于公共区域左右两侧，从而形成两条互不干扰的动线。

色彩搭配

名师点评

在以灰、白、木色为基调的公共区域，客厅水墨氤氲感的灰蓝色渐变地毯带来一种沉静的东方美，搭配灰色的四人座沙发及一把景泰蓝色的沙发椅，与地毯的灰蓝色相呼应，由此也令现代家居拥有了文人雅士的情怀。餐厅一幅蓝紫色渲染的水彩画延续着客厅的色调，两把暗红色的餐椅让空间沉淀下来，白色的壁面及顶棚则拉伸了空间的视觉高度。在浓重的色调渲染之下，营造出一种庄重典雅的空间氛围。

律动

型·而上

地址：台湾省台北市
项目面积：约 215 平方米
摄影：Ken
主设计师：虞国纶
设计公司：格纶设计工程

居住成员：父母和两个儿子
户型格局：三室两厅三卫
主题风格：现代简约风格

主要材料及工艺

镀钛板、绷布
铁件、雕刻黑大理石、灰镜、手作板水泥板、
水染木皮、石皮薄板、实木木地板、订制

创意解读

屋主刚刚成家，事业也处于稳健起步的阶段，因此设计师以垂直纵向的线条律动作为空间基底，衬托出 30 度的切面语汇，为本案塑造的主体意象传达独创设计概念的两大要素。另外，设计师演绎出空间层次，使开放区域中的不同单元之间彼此交叠、延伸、再分界，并由此催生出富于主题性、绝对客制化的美学巧思。

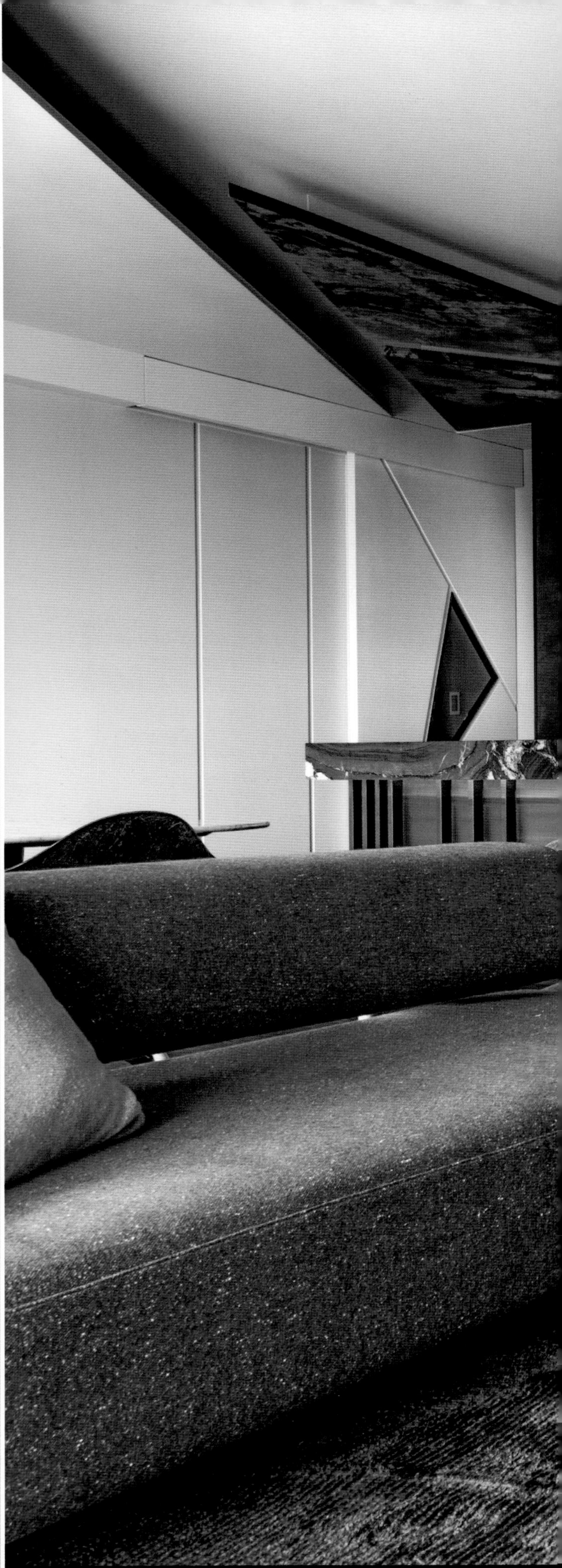

平面布置图

名师点评 创意造型

在入口玄关与客厅之间，设计师打造了一座向上延伸到顶棚且极具穿透感的金属造型屏风，一方面也是隐喻事业、家运稳定向上发展的衷心祝福。步入公共区域，开放规划的客厅、餐厅、轻食吧台区三者形成一处景深共享、功能互补的生活聚落，而自吧台区上方，即向着落地大窗的方向，设计师以面积大小不一的三角板块自顶棚向墙面转折延伸，一气呵成的翼状造型穿插着木作、薄石板、铁件等材质，在背景光的衬托下，释放宛如蓄势起飞的能量。

名师点评 家具选择

客厅蓝色的绒面长沙发区分出客、餐厅不同的区域，搭配大幅纹理丰富的墨蓝色毛绒地毯，犹如碧蓝色的大海在此涌动，小巧有趣的蓝、白色几何条纹金属椅及棕色皮质的南瓜状茶几浮于碧海之上。餐桌摆放于长沙发后面的餐厅区域，轻盈的白色大理石台面与简约的黑色餐椅相互映衬、对比，为居室注入一抹时尚感的同时也方便主人用餐时自由走动。

水澜之家

雍河·谢公馆

地址：台湾省新竹市
项目面积：269平方米
摄影：张晨晟
主设计师：李冠莹
设计公司：权释设计

居住成员：夫妻和两个女儿
户型格局：四室两厅两卫
主题风格：现代简约风格

主要材料及工艺

实木地板、绷皮革、edHOUSE系统柜
天然石材、镀钛金属、灰玻、进口壁纸、

创意解读

这是一座邻近头前溪的景观高楼，拥有可直见河滨公园广阔绿意的良好视野，在此居住是每个新竹当地人的梦想。懂得经营生活情趣的夫妇，喜爱率性自然的居家氛围，想借由营造良好的区域，创造家人无压力的生活日常，来凝聚全家情感。理解业主的设计需求并在首次现场勘查后，设计师提出让河景成为生活焦点的想法，室内空间保持灰、白穿透的简约氛围，以映射容纳水景青山的绝佳光影，营造业主全家聚会分享的话题。透过留白与洗练线条等设计手法，开展空间的延伸与放大效果，掌握简约风格特点。

名师点评

材料运用

因为调动格局的需要，设计师寻找同一批白色地砖以延续客厅地面的视觉效果。控制客厅电视背景墙宽度，避免造成视觉上的压迫感。下半部分采用优雅、贵气的天然石材，上半部分辅以色泽沉稳的灰色玻璃，柔和的区隔客厅与书房两处不同空间。餐厅倒V形的拼接木板墙穿插光滑的石材餐桌，借由镀钛的金属餐椅散发出柔雅的光彩。

设计说明

掌握河岸远山美景，放大自然光影的映射效果，创造率性开放的简约大宅空间

为充分发挥 1+1 大于 2 的空间效果，设计团队掌握房屋本身优势，着眼落地窗外就是无敌开阔河景的特点，不仅客厅、餐厅等公共区域采取开放式设计，也将四室改为三室，一间封闭式房间改造成不做门片的开放式书房，由靠近河岸的大面积落地窗引导光线至起居室。因为调动格局，设计师花费一番力气寻找同一批地砖，以延续地板的视觉效果。控制电视背景墙宽度，避免造成视觉压迫感，下半部分采用天然石材，石纹散发优雅贵气；上半部分辅以灰色玻璃，柔和的区隔两处空间，光线也能流通穿透，赋予公共空间明亮之外的多层次变化，一天 24 小时室内外光线变化零时差，让置身于室内的业主也能与大自然同在。

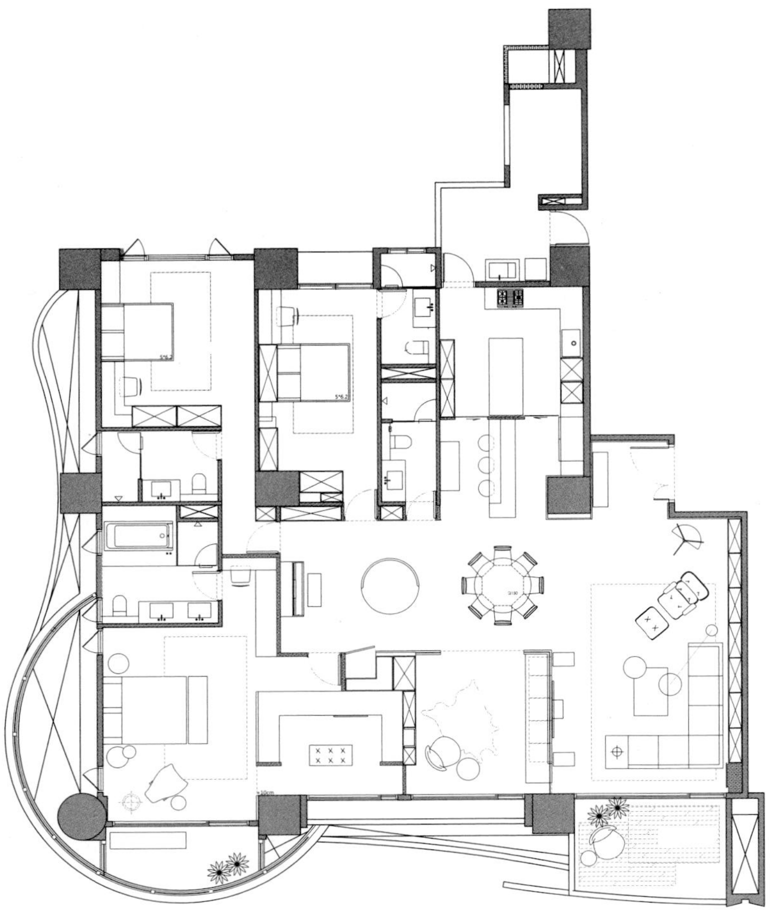

平面布置图

引景入室

名师点评

为了让大宅空间充分放大自然光影的映射效果，设计团队掌握房屋本身优势，着眼落地窗外开阔的河景，不仅让客厅、餐厅等公共区域采取开放式设计，由靠近河岸的大面积落地窗引导光线至起居室，也将四室改为三室，一间封闭式房间改造成不做门片的开放式书房。明亮的光线赋予公共空间多层次的变化，一天二十四小时室内外光线变化零时差，让位于室内的业主也能与户外大自然同在。

E

光影协奏曲

中悦皇苑私人住宅设计

地址：台湾省新竹/竹北市
项目面积：700 平方米
摄影：墨田工作室
主设计师：黄国桓
设计公司：瓦第设计

居住成员：夫妻和三个孩子
户型格局：三室两厅两卫
主题风格：现代简约风格

主要材料及工艺
大理石、铁件、玻璃、木皮板、进口瓷砖、手刮木地板

创意解读

这是一个位于市中心繁华区域、高端住宅大楼内 14、15、16 层的一个住宅单位，低调的业主买下 3 个楼层单位，除了能享受方便的生活功能及安保良好的饭店式物业管理服务外，还希望设计师能够创造出独栋现代别墅住宅的感觉。因此，在不破坏大楼梁柱结构下，如何有效地串联三个楼层，维持空间设计氛围的统一性，并创造出独栋别墅的水平垂直空间的开放穿透感，成为了设计师最大的挑战。

名师点评 创意造型

设计师首先在空间最适宜的位置定义出串联整个垂直空间的楼梯位置，经过缜密的思量和模拟，设计师创造出一个10米高的挑空区域，用一架极富现代感的黑色钢梯有效的联系了整个空间。除了垂直的串联之外，设计师更进一步寻求空间的水平联结，利用空间功能的分配与玻璃开口的穿透手法，让公共区域的垂直与水平开阔感达到最大化。设计师还在挑高空间中置入了一道8米高的白色石材墙面，和穿透的玻璃开口产生虚实的呼应与对话，也与紧邻的黑色钢梯产生明显对比，让颇富现代感的钢梯也更具存在感。

台式新简约风 色彩搭配

15层平面布置图

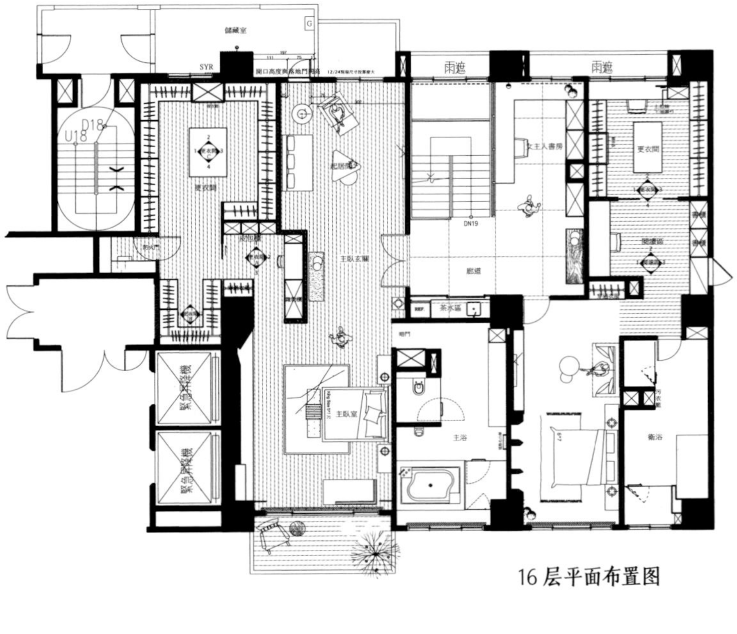

16层平面布置图

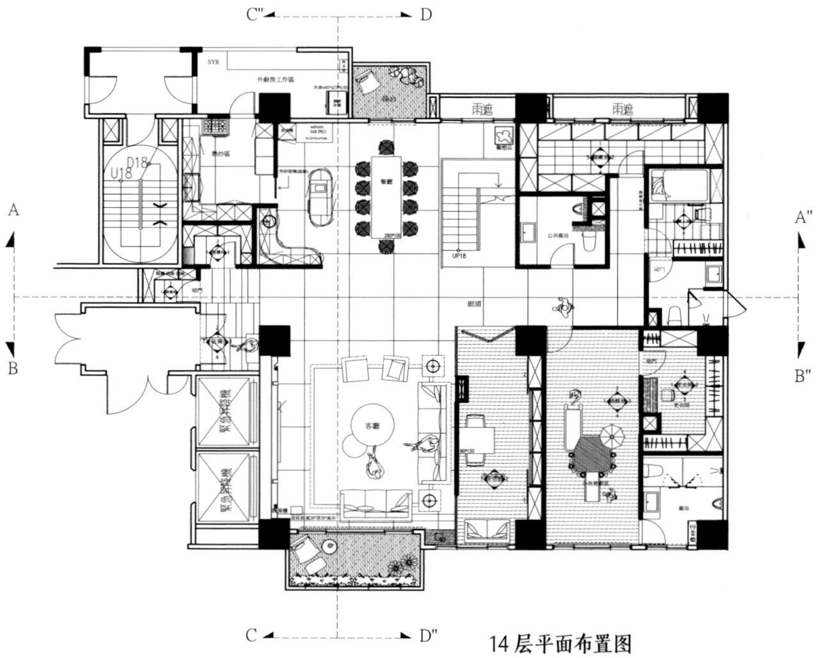

14层平面布置图

名师点评 灯饰照明

设计师在挑空区域的顶部安装了一组高低错落、雕塑感十足的造型灯具，让它成为了整个空间的主角。无论白天还是夜晚，业主在各个位置走动或停驻，都能够拥有不同角度与层次的视野。时而仰望、时而俯视，这组造型灯具让不同楼层之间酝酿出不同的趣味。而在公共区域里，餐厅中两盏镂空铁艺大吊灯作为用餐区域的局部照明，材质上则与客厅的铁质灯罩落地灯形成协调与统一，搭配无处不在的吊顶射灯，让整个公共空间更加清晰、明亮。

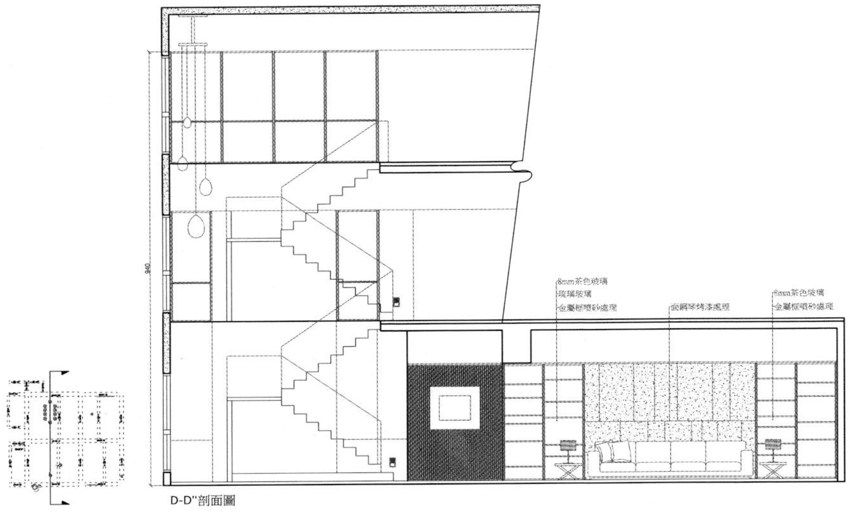

楼梯套绘图

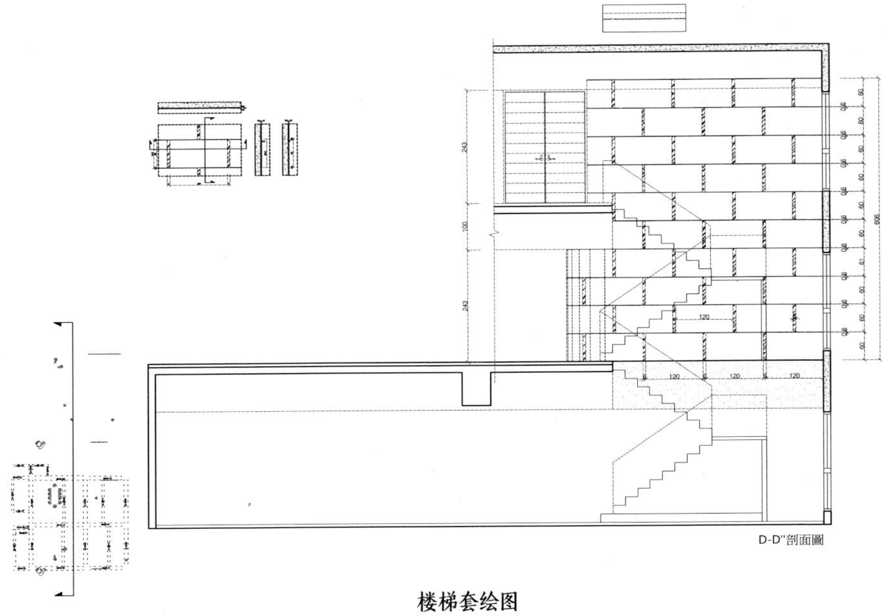

楼梯套绘图

ENGLISH

ENGLISH

雍容气度

京砚

地址：台湾省高雄市
项目面积：约479平方米
摄影：ALEK 李国民
主设计师：罗耕甫
设计公司：橙田建筑一室研所

居住成员：两个大人和两个孩子
户型格局：四室两厅
主题风格：现代风格

主要材料及工艺

钢刷橡木皮、铁件、石材、玻璃、木地板

创意解读

此案位于高雄市住宅特区大楼的35层，在创造空间质感的同时，设计师更重视的是让空间达到一种稳定性，使得空间与人因为行为习惯而形成一种特定的生活模式。起居室是介于公共与私密空间的一个转换空间，为家人提供了一个较为隐私的交流空间，而卧室则透过回字形的平面规划，将主要功能都集中在空间中央。

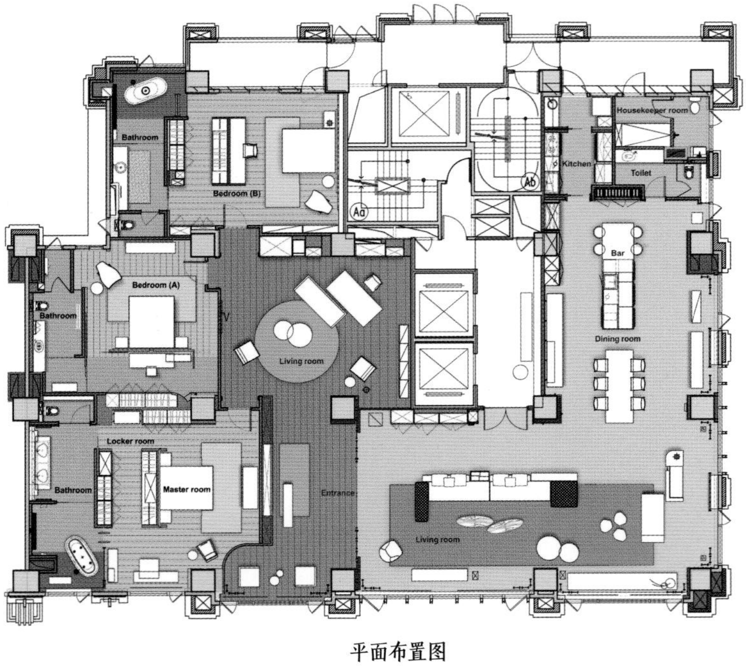

Bathroom
Bedroom (B)
Housekeeper room
Kitchen
Toilet
Bar
Bedroom (A)
Bathroom
Living room
Dining room
Locker room
Bathroom
Master room
Entrance
Living room

平面布置图

色彩搭配

名师点评

在以亮白色、木色为背景的客厅里，辅以黑色的梁体装饰。时尚、庄重的椭圆形黑色玻璃茶几与轻盈优雅的白色系布艺沙发、沙发凳呈现出简约大气的优雅气质，搭配一张蓝色纹理地毯，让空间得以沉淀。卧室延续客厅的白色、木色，浅色人字形拼接木地板铺叙沉稳的基调，搭配黑灰色系的床品布艺及暗色调的壁纸等，烘托出典雅、恬静的休憩氛围。

引景入室

名师点评

该居室周围都是山海河港，因此设计师在空间四周大面积开窗，让户外美景充分融入室内，为室内空间开拓出绝佳的延续性。在公共空间里，设计师将延伸空间的窗外景致作为最原始的起点，带出人与空间相呼应的生活形态。设计师还试图将公共区域的尺度最大化，同时将色彩搭配与材料转换作为空间的界定，使空间化为近景与远景的连续。

名师点评
材料运用

占了项目大部分面积的公共区域，为了突显与建筑环境的对应关系，设计师通过公共区域顶棚连续性的白色框架搭配钢刷橡木皮墙面，让空间在垂直与水平的轴线上有着方向性的视觉延伸。起居空间顶棚及墙体延续着公共空间的白色基调，并透过几何分割，突显出空间的凝聚感。卧室注重材料的反射性，当光线洒落到床头墙面的暗色墙纸上时，素材本身会发生的光影变化。设计师还利用木作垂直的纹路给予空间延伸感，带出空间温润而沉稳的质感。

PONTING

灰蓝色畅想

绅蓝爵室

地址：台湾省新北市
项目面积：160平方米
摄影：李柏毅
主设计师：张佑纶、陈俊翰、温奕谦
设计公司：二三设计

居住成员：夫妻
户型格局：三室两厅两卫
主题风格：现代人文风格

主要材料及工艺

皮革、超耐磨木地板、订制家具、喷漆、灰玻璃、灰镜、长虹玻璃、系统柜、壁纸、涂装木皮板、美耐板、灰网石、铁件、不锈钢、

创意解读

绅士般的品位是一抹深邃的蓝，如同爵士乐般冲突又和谐，经过时间磨炼出生活的美，人生终究会变得如此轻松优雅。设计师在此案中通过混搭玻璃、铁件与植物盆栽等不同的装饰、材质的特性，塑造出一个简洁、明亮又不失质感的住宅空间。

Gran Coronas

色彩搭配 名师点评

本案整体以白、灰色为基调，再用一抹深邃的黄昏蓝加以调和。在以灰、白色为背景的公共区域里，客厅黄昏蓝的抱枕及餐厅餐椅让空间冷静沉稳，客厅紧临书房，为避免蓝色玻璃隔间墙带来的冰冷质感，设计师在书房中摆放了一盆白水木，利用透明玻璃的穿透性让置身于这个空间的人享受这一抹绿意。

创意造型 名师点评

为了营造宽敞的开放式空间，同时让空间的动线井然有序，设计师大量运用灰玻璃及铁件作为公共区域隔间的主要材质。玄关处以铁件为格栅，镶嵌灰玻璃作为隔断，亦作为入口的端景，搭配深蓝色的摆饰柜，营造出高质感的绅士氛围客厅、书房及餐厅以铁框玻璃间隔出不同的空间区域，隔栅式的线条搭配圆形桌子圆弧立体灯饰，让几何图案在空间里形成有趣的回荡。

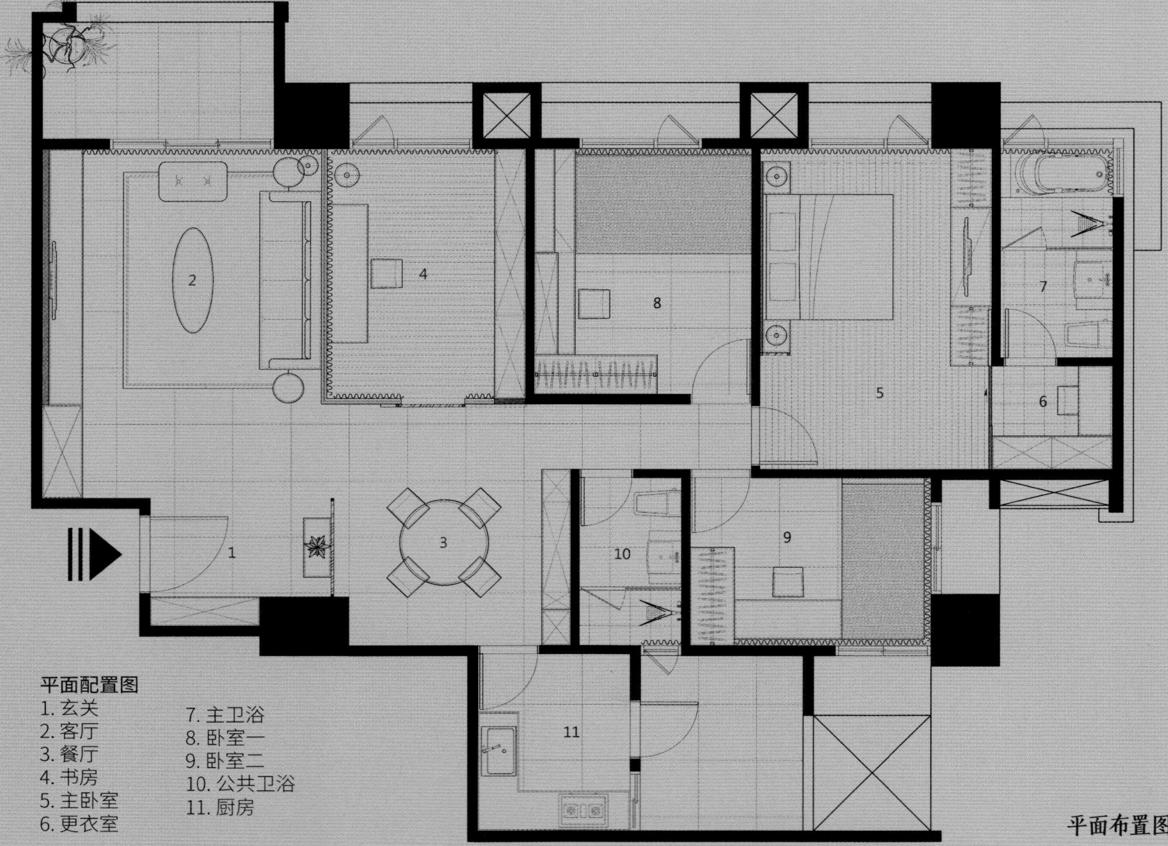

平面配置图

1. 玄关
2. 客厅
3. 餐厅
4. 书房
5. 主卧室
6. 更衣室
7. 主卫浴
8. 卧室一
9. 卧室二
10. 公共卫浴
11. 厨房

平面布置图

采光照明

台式新简约Ⅳ

自然光线与人工照明能给空间带来光影享受与照明需求，设计师对于光的设计尤为重视。常常运用户外的自然光线配合室内的灯饰、材料及家具，为业主构建一个明亮、通透的生活空间。

巧妙引入自然光

通常在公共区域利用整面的落地窗将阳光引进屋内，延续公共区域的长窗引光、借景的概念，在私人区域里，落地窗可为静谧的休憩空间带来理想的采光效果。百叶帘的使用可以遮挡一部分强烈的光线。同时大面的挂帘搭配半透明的白色纱帘，有利于将自然光线引入空间更深处，并在一定程度上补充人工照明。此外，在靠窗的位置常会使用低矮的家具，既避免遮挡户外光线，又便于营造明亮、宽敞的居室氛围。

个性灯饰丰富照明

在人工照明上，利用主灯承担空间的主要照明及烘托室内氛围。造型简约的吊灯或定制的个性艺术灯饰，造型与空间气质相契合，为空间增色不少，并配合不同的空间造型及特点，为整个空间注入活力，烘托出温馨宜人的格调。

此外，灯饰则为各个区域提供辅助性照明，并烘托出丰富的空间氛围。如在客厅常常摆放造型简约大方、线条利落硬朗的落地灯，结合局部顶棚的射灯，以及壁面的隐藏灯带，制造出充满温情的会客氛围。卧室床头简洁造型的壁灯、台灯配合顶棚、壁面的隐藏灯带，为私人区域带来温馨、怡人的灯光效果，营造出舒适、惬意的休憩空间。

善用材质引导光线

采用以导光性能较好的材质和隔断，让自然光线最大化利用。在需要分隔空间时，利用能够透光反射的清玻、雾面或夹纱玻璃作为隔断，起到不阻隔视线与光线的作用，让光线能够无阻碍地在空间中游走；而在需要界定不同公、私区域时，则用格栅玻璃推拉门作为隔断，营造出区分却不阻隔光线的穿透空间；在需要大面积反射光时，采用镜面材料，如灰镜、银镜等，增加室内的光照面积与强度；而在需要柔和光线的位置，选用粗犷的石材、柔雅的木材等，让光线发生漫射，使其均匀地弥散开。

光影解构

图·像 TIMELESS

地址：台湾省台北市
项目面积：198平方米
摄影：MW Photo Inc
主设计师：唐忠汉
设计公司：近境制作

居住成员：夫妻
户型格局：一室两厅一厨一卫
主题风格：极简风格

主要材料及工艺

栓木皮、喷漆、特殊漆、铁件

创意解读

被风、光、水及自然拥抱的环境，赋予室内空间以灵魂，展现出纯净无瑕的面貌。设计因环境而生，形体因功能而行。区域回荡无声冲击，量体进行光影解构。于形于体于思想，于收于放于归纳，从点、线、面勾勒轮廓，到纯粹填补颜色，每个停驻都充满着静谧与沉思。心的静留，始于境流，这是一种反思、转换的力量，在沉淀思绪后得以重生。

空间布局

名师点评

进入一楼的开放空间，主轴透过中岛平衡串联宽敞的客厅与餐厅区域，让沉静狭长的中岛成为区域的视觉焦点。线形灯具的动态错落与斜面顶棚的低梁弱化了中岛的格局，形成动与静的关系。中层过道区建立通透廊道垂直介入，上下延伸互动。曲折环绕的回廊打造出宽敞的交通区域，它是质的转换，也是心的接轨。二楼私人行廊留白至简，洁净色调带出隐约层次，创造量体再让光影解构量体。

材料运用

名师点评

一楼以白色大理石、深色木地板两种不同的地面区分出走道与客、餐厅区域，走道一侧深灰色栓木皮的收纳柜体简洁的直线整合了墙面造型，营造出高贵、大气的氛围。设计师还用一架钢梯串联上下楼层，木质踏板与玻璃扶手的结合彰显出极简主义的风采。二楼主卧延续一楼自然、朴素的风格，浅色木质拼接地板铺陈出静谧的休憩氛围，床头灰色水泥隔间墙则分隔出书房与卧室区两个不同的区域，并借由设计使空间与空间之间产生对话。

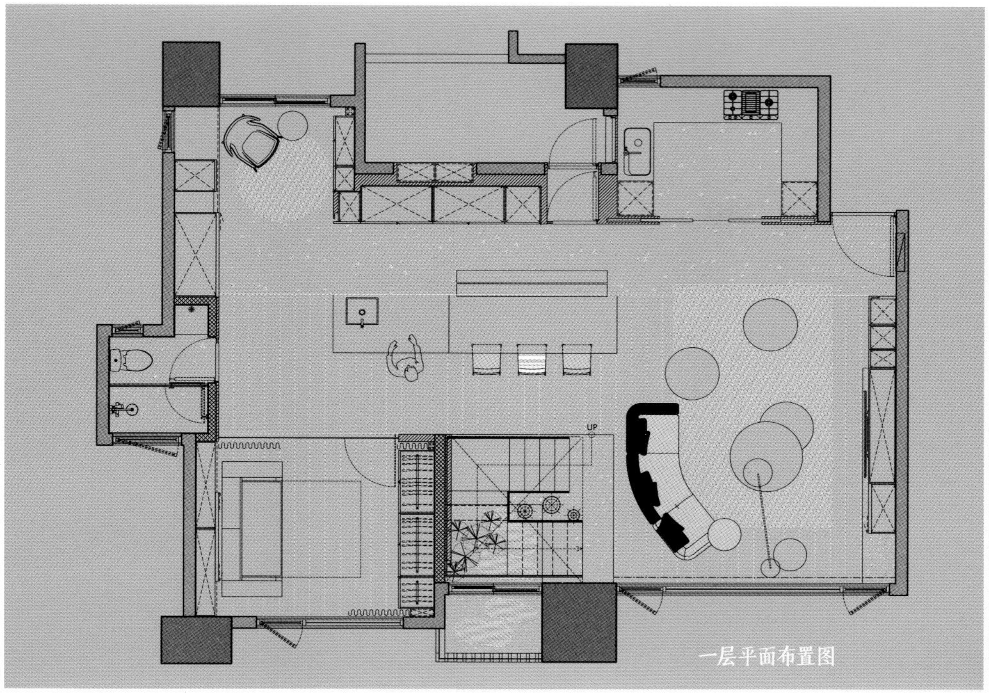

一层平面布置图

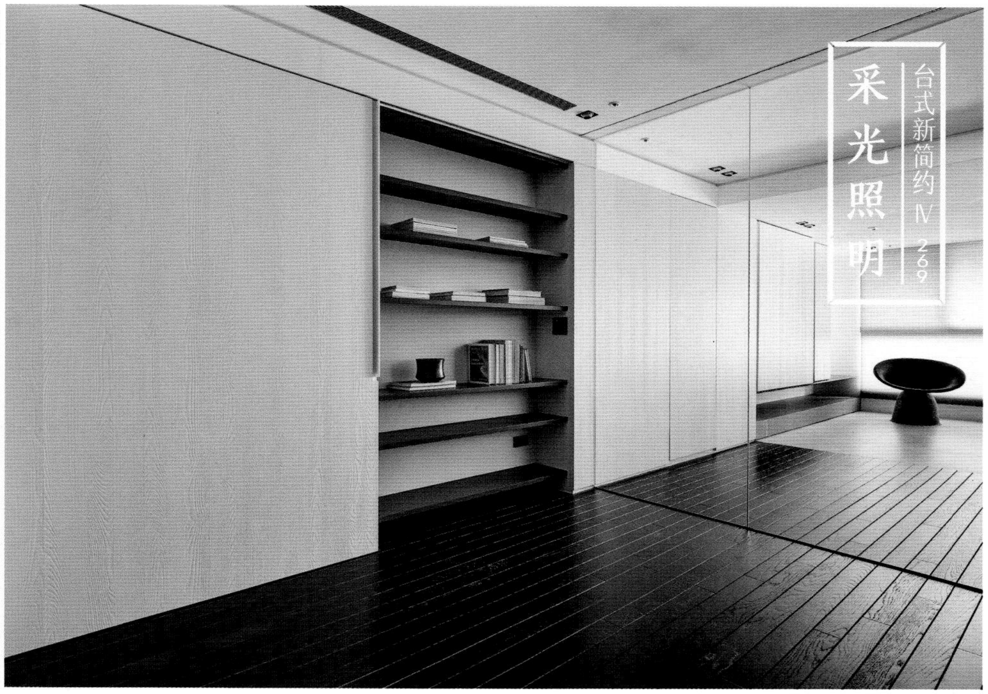

二层平面布置图

采光照明

名师点评

客厅右手边高大的落地窗搭配半高的磨砂玻璃，既保证了充足的自然光线的摄入，也能挡住室外视线的介入、保证主人隐私。两侧的平开窗也能让主人自由开阖，方便引导室内外空气的流通。一侧楼梯的透明玻璃扶手让室内深处得以最大程度地化获取阳台的自然光线，同时也为沉静的一层空间注入轻盈感。此外，一层次卧、二层主卧、浴室也通过设置落地窗确保自然采光，从一定程度上减少人工照明带来的成本。

水墨情怀

浪墨

地址：台湾省新竹市
项目面积：约 281 平方米
摄影：威米锶空间摄影
主设计师：禾观设计团队
设计公司：禾观空间设计

居住成员：父母和子女
户型格局：三室两厅三卫
主题风格：人文风格

仿清水模、大理石、实木染黑、不锈钢
主要材料及工艺

创意解读

此屋主为两代同堂，在空间运用上除了要保证个人的隐私外，还希望有大的空间可供用餐、交谈。

当暖阳穿过纱帘，散落出满地柔滑的光感，让人心旷神怡。简洁无华的家具，佐以温润的木作肌理点缀，铺叙出纯净、简洁的空间基调，让人意犹未尽。

NEW ASIAN INTERIORS
HYPER-REALISTIC

名师点评 采光照明

客厅大面积的落地窗将窗外街景映入室内，百叶帘的使用可以遮挡一部分强烈的光线，防止户外光景倒映于电视屏幕上，影响观看效果。而低矮的家具与精心设计的摆放位置则令整体空间更加宽敞，同时也不至于遮挡主人的视线。书房白色的纱帘及落地窗有利于将自然光线引入空间的更深处，一侧白色电视背景墙面也可以反射一部分的光线，满足白天主人在书桌处看书的光线需要。

名师点评 材料运用

整个室内空间运用天然石材和实木染色，呈现出材料利落、大方的质感。从玄关走入公共区域，木质吊顶与客厅的白色顶棚在无形之中区分出不同区域。客厅铺叙暖色的大理石地砖，用高贵的材料质地提升空间整体质感。搭配黑、白两色的木质电视背景墙及不锈钢材质的落地窗，营造更为沉稳的起居氛围。书房一侧仿清水磨的墙面彰显材料质朴的本质，搭配实木拼接地板及木质桌椅，营造出温暖亲切的书香氛围。

名师点评 色彩搭配

设计师主要运用干净、利落的黑、白两色和温暖的木色来渲染整个室内空间以黑、白冷色调为主的客厅，设计师用暖色的大理石地砖加以调和，同时也呼应着走道上方木色的吊顶。黑、白两色的卧室空间里，孔雀蓝墙面则为静谧的休息区带来一抹跳跃的色彩，结合衣柜温润的木色，共同营造出安静、柔和的休憩氛围。

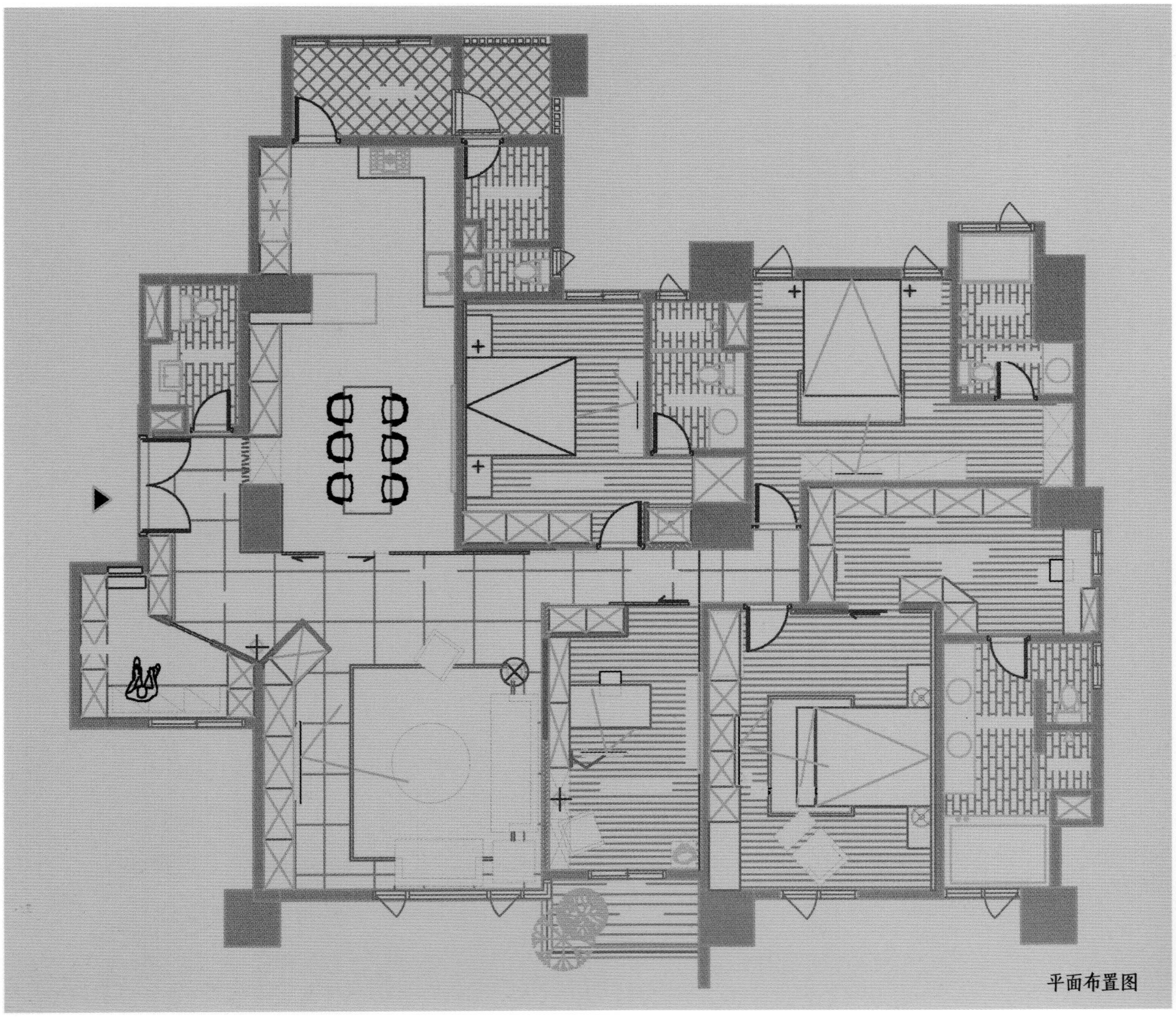

平面布置图

微醺

王宅

地址：台湾省台中市
项目面积：约 165 平方米
摄影：嘿起司摄影团队
主设计师：王正行、张丰祥、袁丕宇
设计公司：工一设计有限公司

居住成员：夫妻
户型格局：三室两厅两卫
主题风格：现代简约风格

主要材料及工艺

明镜、系统板材、实木木皮、雕刻白大理石、超耐磨地板、

创意解读

房子坐落于台中市，在空间的设定上，设计师以沉稳的调性、中性偏柔和的用色、搭配质感优异的设备，带出生活场景的自然知性，即使是长时间待在室内，在任何一处游走，都有可供观赏的多变角度，而非单调的保持不变。

从建筑结构中，整合出融合生活动线的视觉感

本案拥有方正的平面格局及很好的视野，但室内空间却因原结构关系横亘了数只大梁，于是我们运用结构并存的方式去做规划顶棚的设计将局部的梁体做斜面包覆，并将其重叠在串联公共及私密的生活动线中，使用了线性灯具让其贯连，化解压迫感，并让大量留白的空间中产生新的流动感。

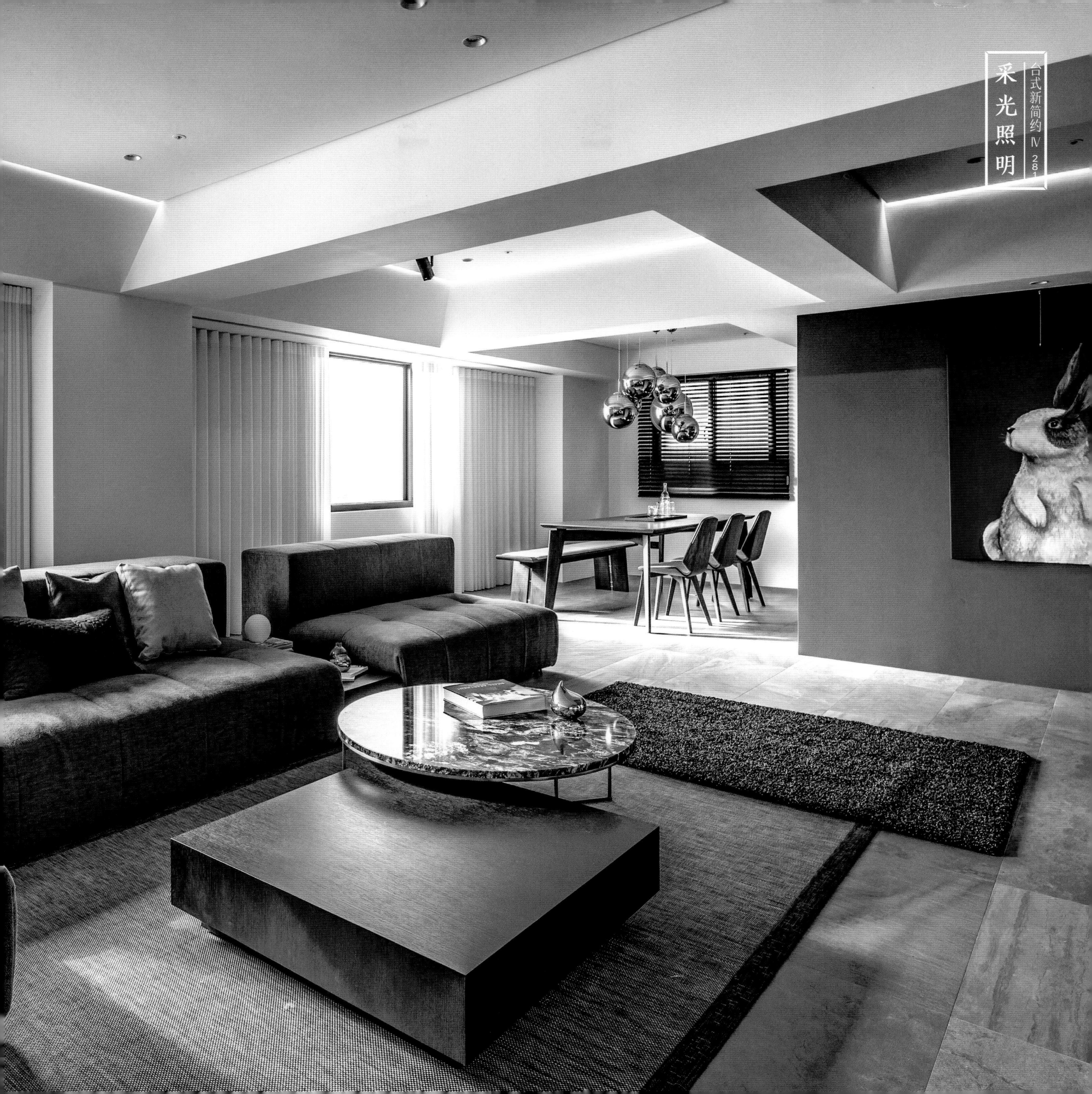

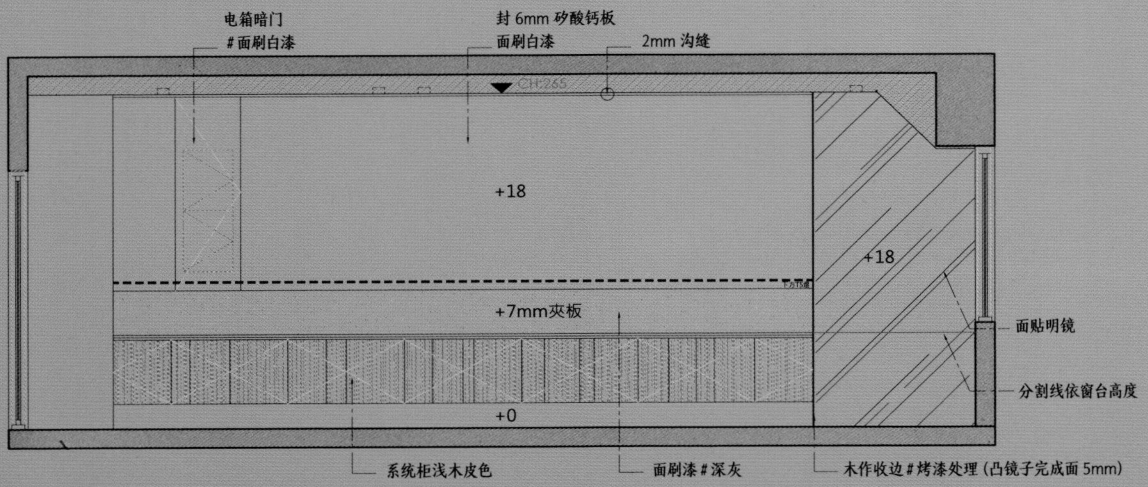

客厅立面图

配饰元素

名师点评

客厅一侧的收纳柜上自然地摆放着一双石膏脚模型,突出了空间的艺术感,同时也暗示着柜体的收纳与展示功能。客、餐厅区域之间一面深灰色的隔间墙悬挂一幅兔子装饰画,大面积的暗红色与深灰色相互衬托,不但为空间注入一抹浪漫的童趣,还在无形之中引领视觉的延展,引导着业主走入长廊进入私密区域空间。餐厅大小不一的球形吊灯充满金属的质感,光洁的镜面清晰地倒映出室内的面貌,为空间带来一丝生动的趣味。

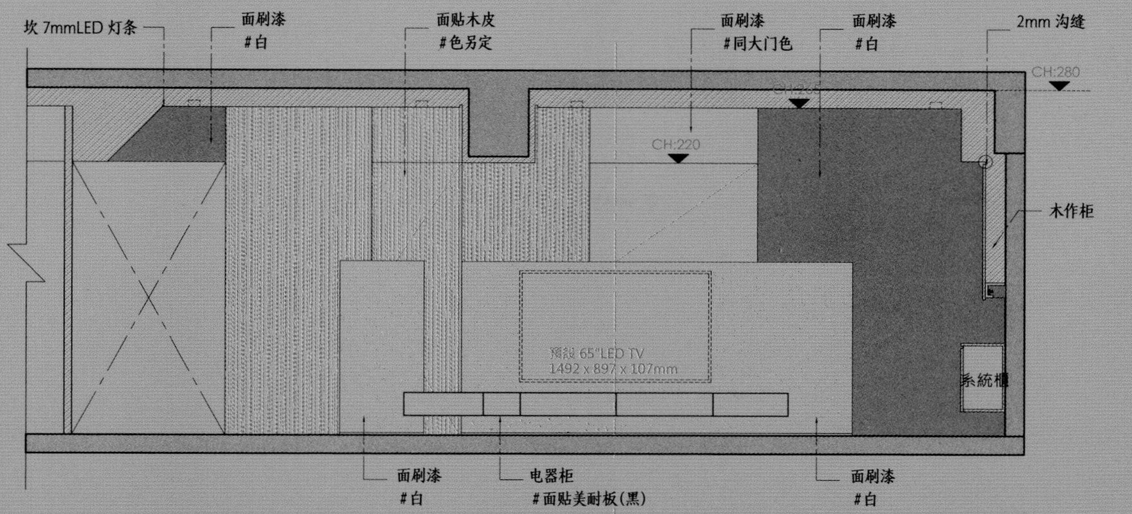
坎 7mmLED 灯条
面刷漆
#白
面贴木皮
#色另定
面刷漆
#同大门色
面刷漆
#白
2mm 沟缝
CH:280
CH:220
木作柜
預設 65"LED TV
1492 x 897 x 107mm
系統櫃
面刷漆
#白
电器柜
#面贴美耐板(黑)
面刷漆
#白

电视墙立面图

名师点评 灯饰照明

在公共区域局部顶棚斜面梁体的边缘，设计师特意设置了隐藏的灯带，柔和的黄色光晕借由走线的拉伸一直延展到通往私密区域的廊道上方，为室内带来温馨、怡人的灯光效果。主卧廊道处，墙面隐藏灯带形成一面亮眼的内置书架，让空间更有层次感的同时，也与顶棚的灯带共同烘托出静谧温馨的气氛。

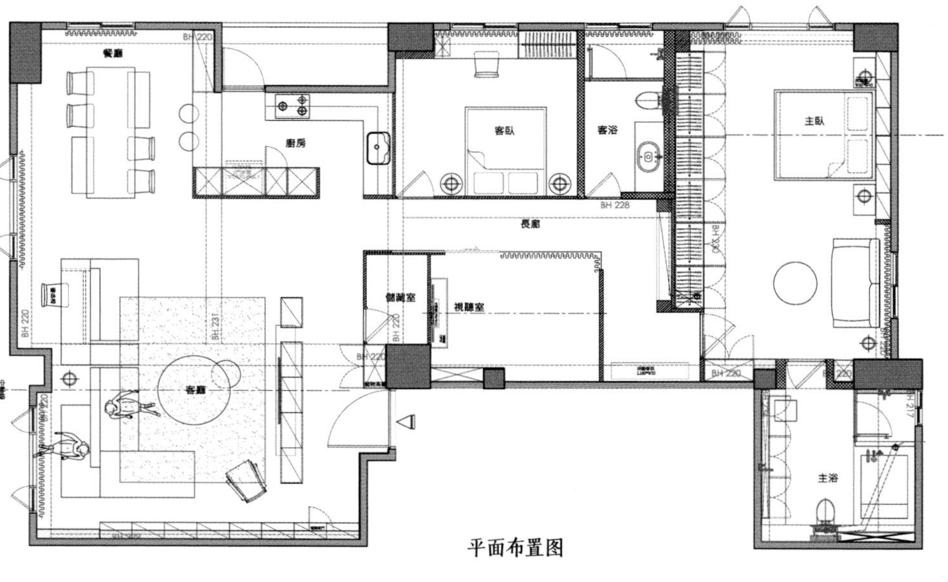

平面布置图

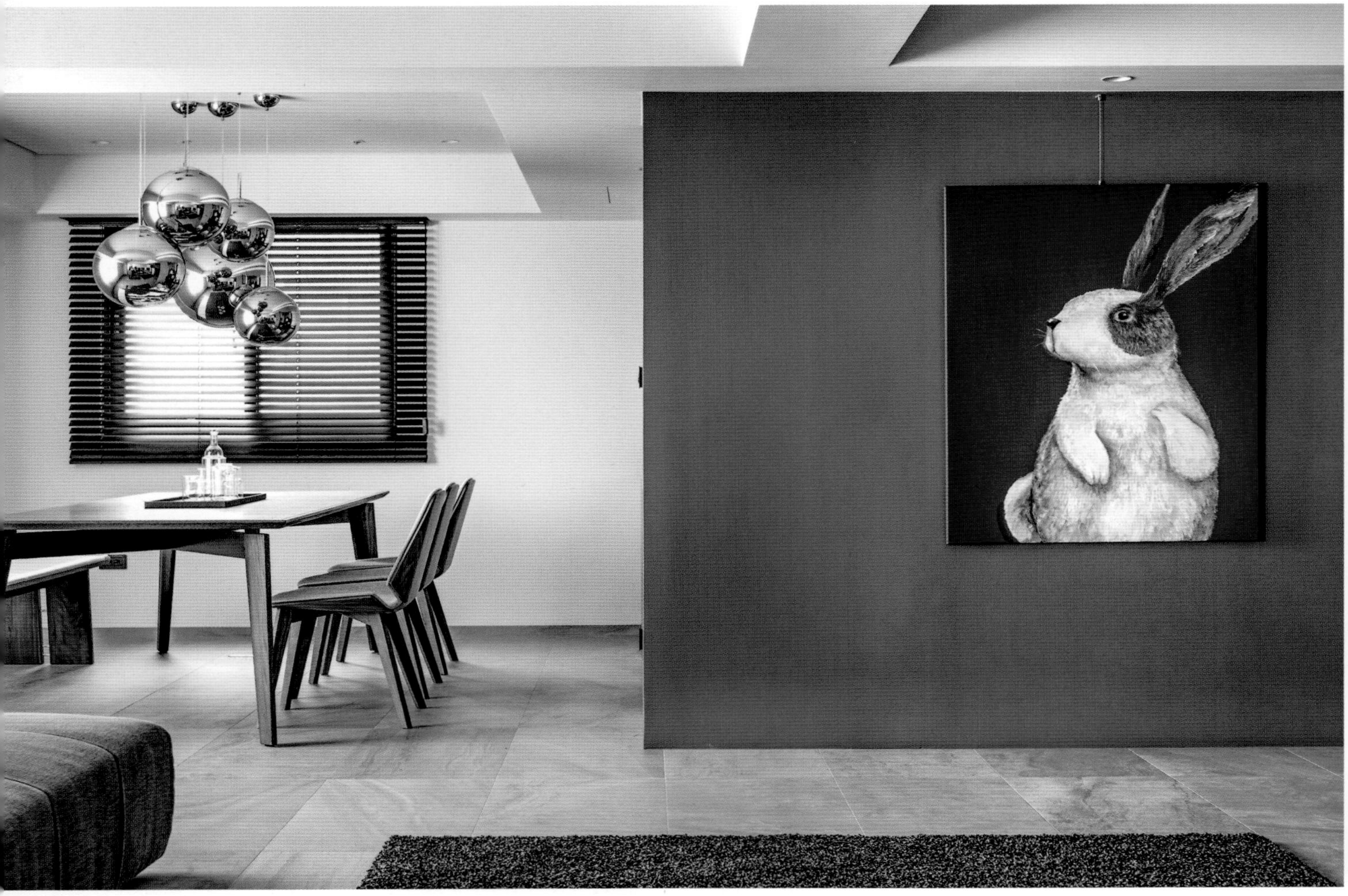

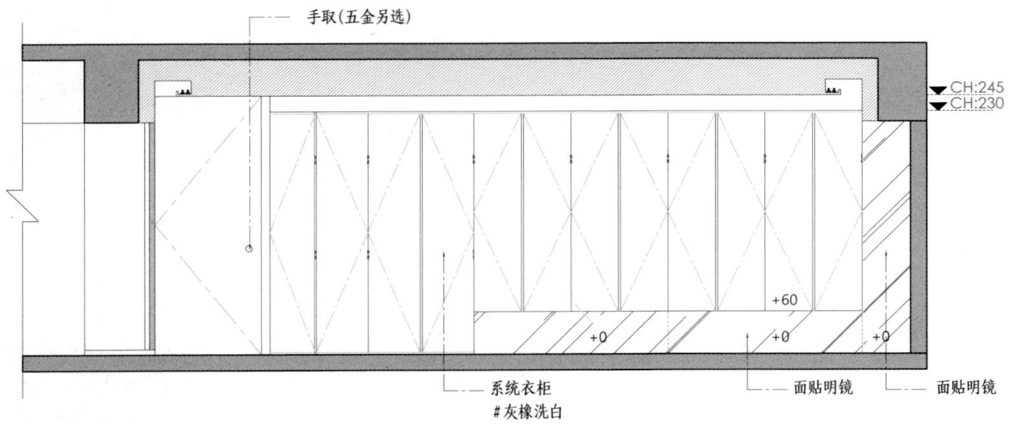
手取(五金另选)
CH:245
CH:230
+60
+0
+0
+0
系统衣柜
#灰橡洗白
面贴明镜
面贴明镜

主卧布置图

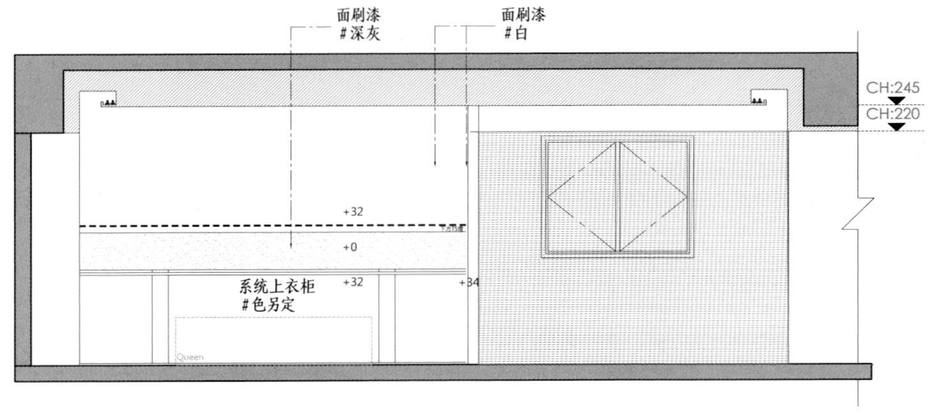
面刷漆
#深灰
面刷漆
#白
CH:245
CH:220
+32
+0
+32
+34
系统上衣柜
#色另定

主卧布置图

本案室内空间因原结构关系横亘着梁体，于是设计师将局部的顶棚梁体做斜面包覆，并将其串联、贯通于公共、私密区域中。客厅雕刻白色大理石电视背景墙穿插了黑色的收纳格，并在水平与垂直方向上被切割成一大一小的体块，与上方横亘的大梁形成几何形体上的呼应沿着长廊局部墙面穿插的木质板材化解了沉重的压迫感，并让大量留白的空间产生新的流动感。另一侧向主卧转折的 L 形墙面内嵌式的白色柜体则制造出轻盈的既视感，增加了立面的层次美感。

名师点评 创意造型

书香绿意蔓延

新疗愈空间

项目面积：约168平方米
主设计师：谭淑静
设计公司：禾筑国际设计有限公司

居住成员：夫妻和女儿
户型格局：三室两厅两卫
主题风格：风格

主要材料及工艺

白色人造石、金属框炭茶玻推拉门片、稻香木钢刷木皮、银梨木皮、手作特殊涂料、金属美耐板、金属粉体烤漆、环保无毒乳胶漆

创意解读

一步入客厅，一种微妙的舒适感扑面而来，是窗外的绿荫、开阔的空间、还是整体色彩的搭配？都是却不仅仅是。细细端详，原来谭淑静总监巧妙地将理性与感性融合在设计中，功能跟感官的平衡，为屋主一家人打造一个专属的疗愈空间。

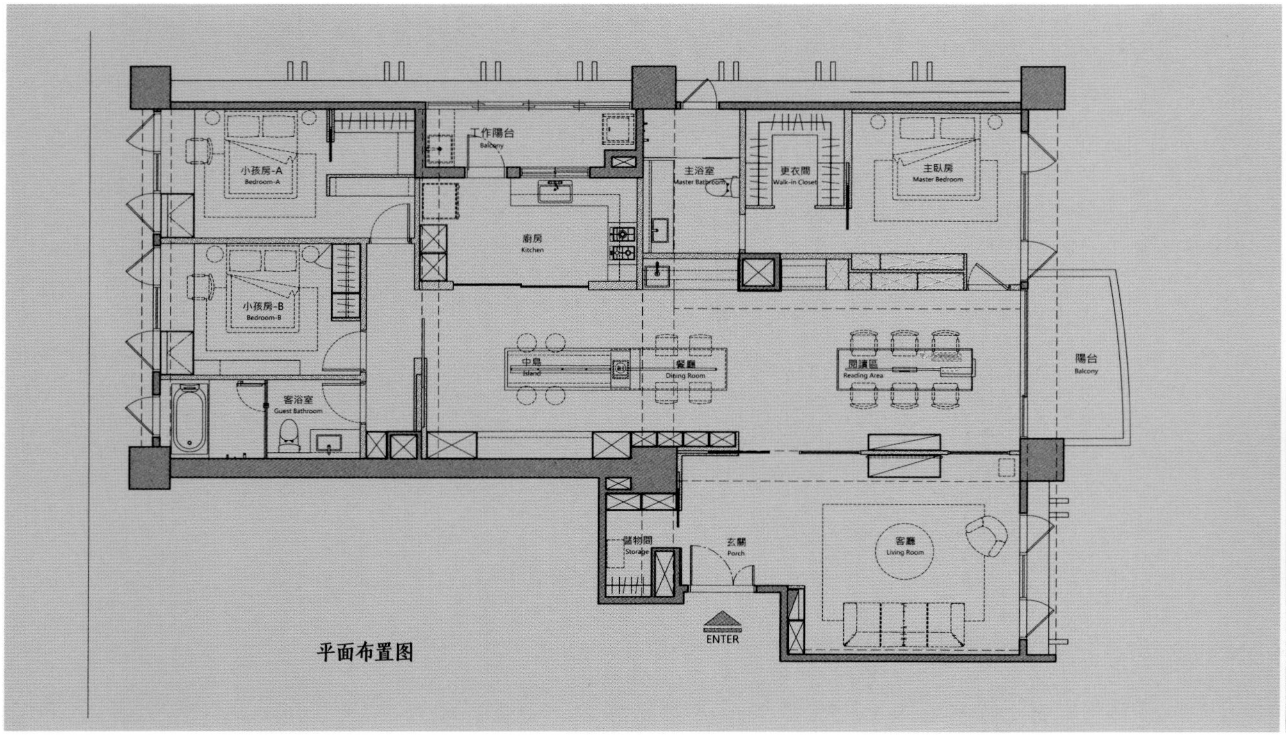
工作陽台
Balcony
小孩房-A
Bedroom-A
主浴室
Master Bathroom
更衣間
Walk-in Closet
主臥房
Master Bedroom
廚房
Kitchen
小孩房-B
Bedroom-B
中島
Island
餐廳
Dining Room
閱讀區
Reading Area
陽台
Balcony
客浴室
Guest Bathroom
儲物間
Storage
玄關
Porch
客廳
Living Room
ENTER

平面布置图

CONTEMPORARY DECORATING
KELLY HOPPEN HOME

名师点评 家具选择

在较为理性的空间中，设计师刻意在软装家具上运用跳色，例如客厅沙发的多种蓝色，让蓝灰色得以融入空间的大地色基调之中。为了让屋主一家返家后的放松心情，设计师特别挑选性质偏软的家具，同时为了赋予空间良好的功能序列感，设计师还在客厅摆放了四张小型茶几，这样屋主便可以根据需求弹性移动使用，让空间更加生动活泼。

专属的疗愈需求

每个家庭对疗愈的感受与需求不同，初次与谭设计师碰面，屋主即表达了希望在新家规划一个家人凝聚的空间。烹饪、用餐与阅读是屋主一家四口最常从事的活动。对屋主而言，辛勤工作之余，回到家里与亲人相聚，花时间在自己喜欢的事上，无论是阅读、听音乐还是用餐，都是人生一大享受。"规划时，我们几乎已可以预见男主人坐在吧台上享受窗外美景，为家人打拼之余，在生活中享受甜美果实。"谭总监回忆道。

功能跟感官的发挥与平衡

男主人从事高压工作，女主人承担家务。他们有两个女儿，其中一个女儿学画画。男主人很珍惜女儿的画作。人都有理性、刚硬的一面，同时也有感性柔软的一面。

"这是一个客变案，业主于客变阶段就已经跟我们联系，沟通需求，功能架构我们很清楚，完工时落差不大。屋主藏书量大，有两千本书，需要极大收纳空间。每个收纳需求都被清楚定义，因此空间基调是理性的。"谭总监说。

疗愈一所有因子的平衡总合

一个疗愈、平衡、让人身心舒适的空间是大大小小因子平衡的结果。每一个条件都被清楚定义，让理性与感性、功能跟感官，都被妥善安排，达到平衡和谐。"疗愈就是在调节中间 pH 值，我觉得这个案子是疗愈、平衡的极佳写照。"谭总监对疗愈下了一个清楚的注解。

名师点评 空间布局

空间中部横长的区域作为用餐区及阅读区，也是动线的中心所在。设计师让阅读区的书桌与用餐区的中岛有相同设计，从用餐区望去，中岛与书桌形成笔直流畅的线条，引导视线延伸至窗外，让空间产生区分却不凌散。与阅读区相邻的用餐区是家人主要活动区域。谭总监以流畅的动线串联用餐、烹调等区域，处理不同的饮食需求。其中较低处是用餐台，高处则是吧台及烘焙料理平台。中岛另一侧则是茶水区，设有水槽，将厨房的烹调区与茶水区有效分隔开来。

收纳设计

名师点评

视觉上，运用平面上的两面隔断墙作为该区的收纳，整个空间被切成三大区块。屋主藏书量大，一旦收纳需求增加，可以运用此墙面增加吊柜。阅读区跟主卧室中间墙面中间几乎都是收纳柜，主卧室的门则隐藏在柜体中。中岛的后方柜体有长形凹洞，特意将上下吊柜比例拉低，使它成为一个长的平面，既可用做中岛的作业平台，也可以放置咖啡机、面包机等小家电，甚至预留出来放置烘培需要的各式用具的位置。

照明采光

名师点评

设计师利用穿透的隔间，创造出区分却不阻隔的穿透空间。男主人在客厅享受音乐或影片时，可关闭金属玻璃隔断，保持视线穿透，声音却不影响阅读区的家人。从客厅与阅读区的落地窗望出去，映入眼帘的是蓝天绿荫，为了让空间尽可能多地接受自然采光，除了室内隔间的穿透感外，在空间规划时将室内的居住感延伸到户外，不阻隔是其中一个要点。阅读区的灯具经过仔细考量，特意挑选了造型简约的灯具，一则为阅读区提供功能性照明，更重要的是，考虑当屋主坐在用餐区，由中岛往窗外望去，视线不会受阻隔。

墨染

ZG HOUSE—乐山游墨旅行

地址：台湾省台中市

项目面积：278平方米

摄影：张承恩

主设计师：朱伯晟、蔡雅怡、廖邑庭

设计公司：玖柞设计

居住成员：父母和夫妻

户型格局：三室两厅两卫

主题风格：现代风格

主要材料及工艺

石材、钢刷木皮、镀钛金属、皮革

创意解读

“墨形随意走，木静谧堆栈。”在这两者共存的区域之中，一是墨彩与墙面的对话，另一个则是融入到屋主日常生活中的器物与空间的对话。设计师透过现代空间的手法，将空间转化成现代都市山行旅居的实体，最终勾勒出建筑主体与业主之间的诗情画意。

设计说明

试图将"墨"抽象，分批运用在主体墙壁上，粗犷和立体化的原始质感，表达着如深色古墨一般经过长年累月的淬炼，搭配业主大幅抽象态泼墨画作，成为旅行空间中最重要的主题与本质，而整个旅行空间安置的其他幅墨彩画作，也是取自业主随心境而创作的题材。浅墨色的落地绒布挂帘，表达了"岩"的设计概念，柔软材质顺应地心引力，细细的折痕，半透清纱挂帘，迎来清风徐徐，缝隙间，顺势洒落了一缕"天光"，"天光"则是以自然采光与人工光源搭配设计而形成的间接照明，犹如 苏轼先生诗词中描述的"余光入岩石"。深色的手刮质感实木地板和原木餐桌作为空间背景，稳定了整体长矩形空间的平衡，走廊与卧室壁面则采用钢刷白橡风化木皮，透过立体层次设计，创造不同层次的景深，期待犹如沐浴于林木之间的空间感受。

眺望窗外的湛蓝天空，映入眼帘的是青带缭绕的"绿影扶疏"，设计师利用植物柔化了天空与建筑的边界，成为天空与室内的过渡，刻意指引出一条动线，让使用者有机会与自然多一分接触，绿带的线形设计在遇到面状的草地产生了转折的暗示，更在可到与不可到之间，界定出公共与私人区域，而空中草地的规划，除了是客厅与更衣室的中介空间，也为更衣室增添一抹清爽。内廊上，笔直的黑色内崁式蝴蝶兰盆框架，四周以黑色镜面折射，跳脱传统平面观赏习惯，呈现多角度的面貌，旋转角度些许差异的墙面隔板，多了一分现代工艺的随和展现现代人对东方美学的生活哲理，透过现代空间手法转译成现代都会山行旅居实体，为喜爱自然的君子，酝酿建筑本体与业主间的空间诗意。

名师点评

采光照明

浅墨色的大面落地绒布挂帘，其柔软的质地融入了岩石的设计理念，搭配半透明的清纱挂帘，为公共区域迎入徐徐清风，并在一定程度上形成以自然采光与人工光源结合而成的间接照明，让人置身室内，犹如体验到苏轼诗中"余光入岩石"的情境一般。

材料运用
名师点评

设计师试图将墨抽象化，并分批运用在公共区域主墙的壁面上，墙面粗犷而立体化的原始质感，如同经过淬炼的深色古墨一般，搭配业主的大幅抽象泼墨画作，传达着旅行空间中最为本质的主题。餐厅以深色手刮质感实木地板和原木餐桌作为背景，给予整体矩形的空间以平衡性与稳定感。走廊与私密区域的卧室壁面则采用钢刷白橡风化木皮，并透过立体层次的设计，创造出不同层次的景深。

名师点评
绿植花艺

设计师利用绿植柔化天空与建筑的边界，让它们成为户外与室内的过渡，并作为通往室外动线的指引，让业主有更多机会与大自然近距离接触。设计师还用各式淡雅的花艺界定出公私区域，为室内增添一抹久违的清爽。内廊上，笔直的黑色内嵌式蝴蝶兰盆框架，四周以黑镜折射，跳脱传统平面观赏习惯，呈现多向度的面貌，搭配不同旋转角度的墙面隔板，展现出现代人对东方美学的极致追求。

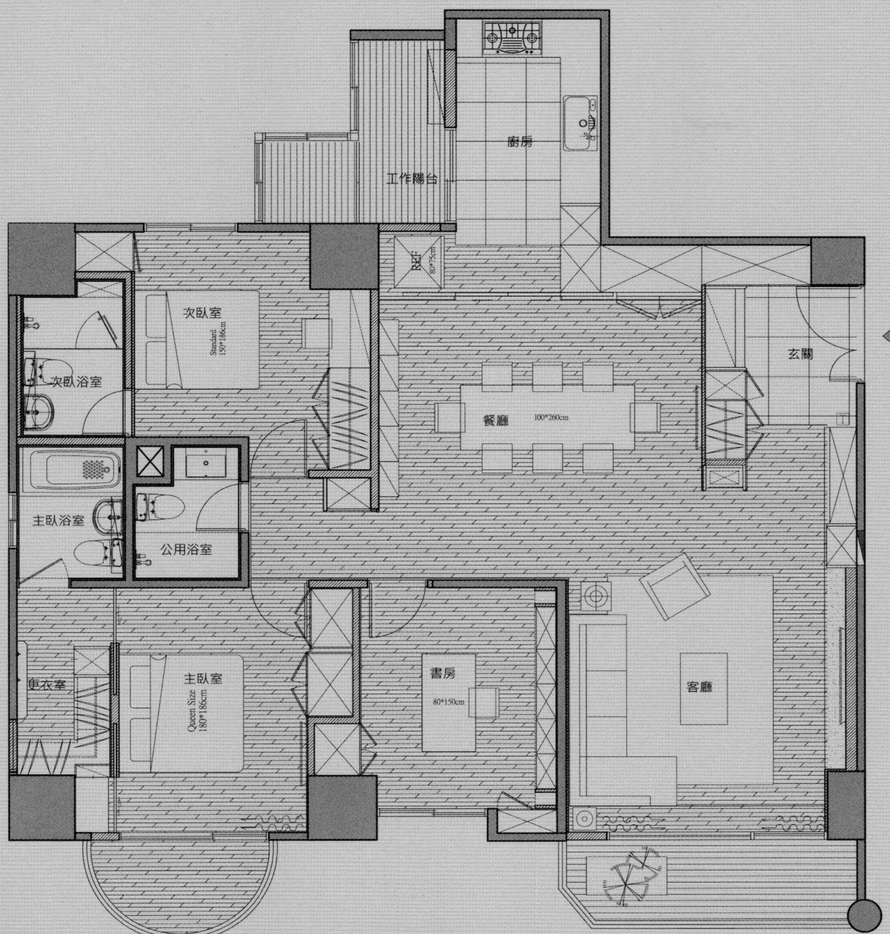
厨房
工作陽台
次臥室
次臥浴室
餐廳
100*260cm
玄關
主臥浴室
公用浴室
主臥室
更衣室
書房
80*150cm
客廳

平面布置图

品味慢生活

漫行间

地址：山东省青岛市
项目面积：120平方米
摄影师：王基守
软饰设计：逄炳伟
设计师：黄士华、孟羿彣
设计公司：隐巷设计顾问有限公司

居住成员：夫妻
户型格局：三室两厅两卫
主题风格：现代简约风格

主要材料及工艺

石砖、棉麻布料、橡木海岛型木地板、黑色钢琴烤漆、木纹银河灰大理石、灰镜、橡木原木、黑铁

创意解读

放眼望去窗外是无边无际的天空和海洋也是青岛这个城市独有的风采。室内静谧的空间氛围让人仿佛走进另一个时空，使人缓慢的品味咀嚼生活的滋味。伴随业主收藏的高档耳机中流泻出的美妙音符，“我就想追求生活中那些微小的美好”他这么托付着。从事高压金融产业的业主，喜欢长时间待在家中从事静态的休闲活动，尽情地放松完成自己喜好，因此居家的舒适氛围是首先需要被考量的。主人的卧房及主要书房延续了客厅的舒适、温暖而内敛，相较之下餐厅则更多了份稳重的雅致感。即使身处在喧嚣、拥挤、快节奏的城市里，也能拥有一处优雅的私密园地。

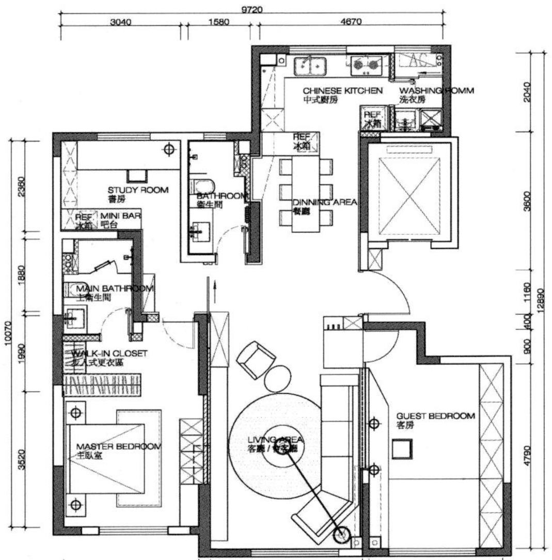
9720
3040
1580
4670
CHINESE KITCHEN
中式厨房
WASHING ROMM
洗衣房
REF.
冰箱
REF.
冰箱
STUDY ROOM
書房
BATHROOM
衛生間
DINNING AREA
餐廳
REF.
冰箱
MINI BAR
吧台
MAIN BATHROOM
主衛生間
WALK-IN CLOSET
更衣區
MASTER BEDROOM
主臥室
LIVING AREA
GUEST BEDROOM
客房
2040
3600
1160
400
900
4790
12890
2360
1880
1990
3520
10070
3440
3870
3400
11170

平面布置图

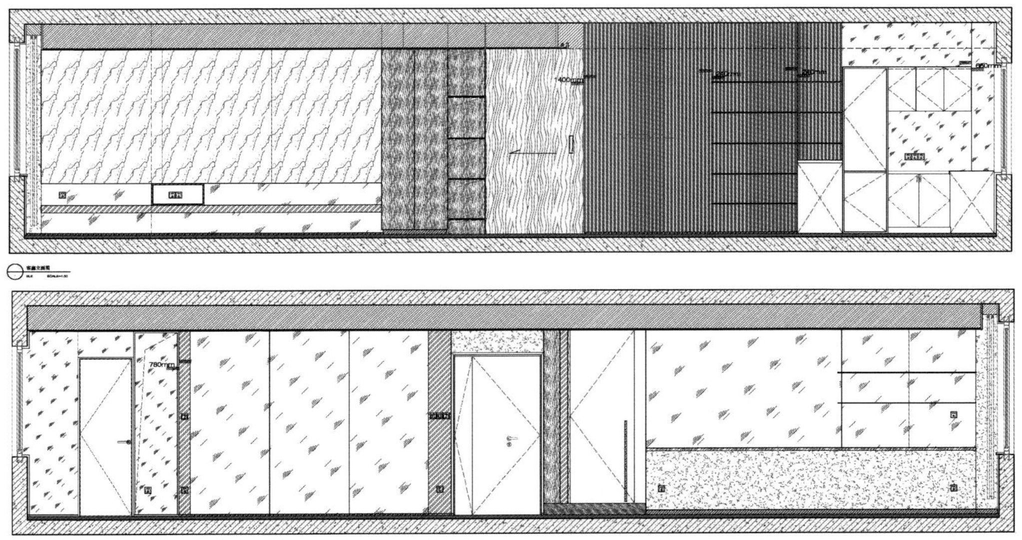

客厅立面图

材料运用

名师点评

设计师运用原木、石头、纤维织料等天然材料营造轻松的氛围，并以天然木石为基底的空间色彩，令每个空间和谐地聚集在一个居家区域中，却又不失独特的个性。设计师将视线所及处的自然景致融入120平方米的住宅中，让客厅成为享受感官娱乐的休闲场所，银河灰大理石墙面上方放置隐藏式的开降投幕布，大型荧幕能将视听影音效果放至最大，未使用时则收藏至顶棚的格栅中，使大理石背景墙回归为客厅视觉的中心角色。餐厅大面积黑色烤漆玻璃的反射延伸了空间感，在精致的造型吊灯下，业主能独自享受微醺时光，也能与三五好友共同畅饮至通宵。

采光照明

名师点评

客厅整面的落地玻璃窗将阳光引进屋内，光线穿越玻璃、视线穿透窗户让空间整体更显宽敞、轻盈。紧邻客厅的客房兼书房，大胆地使用开放式的玻璃隔断设计，打破公共空间与私密空间的僵硬界线，让视线随着阳光遍及之处展开更为自由的游移行走。

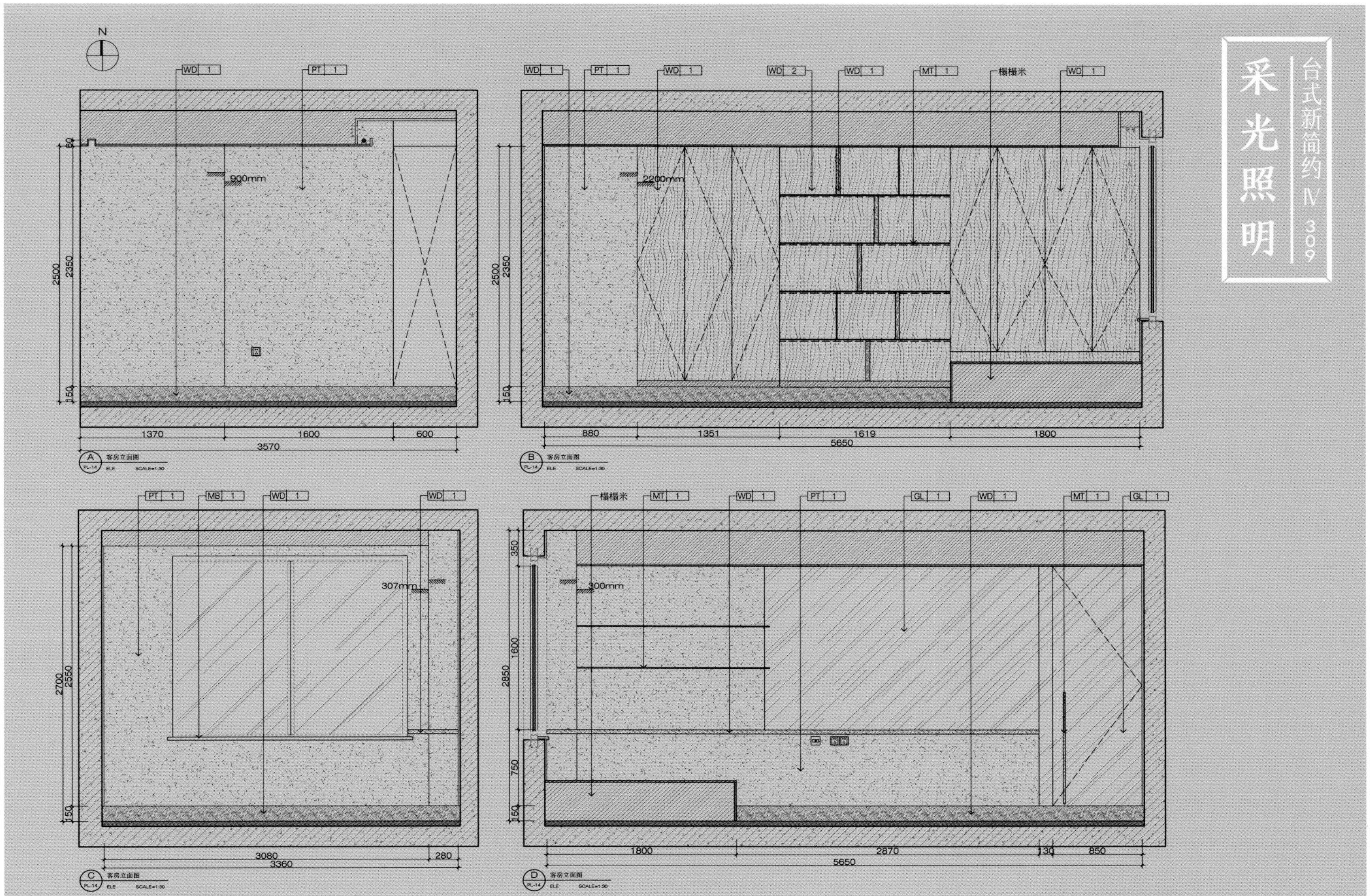

书房立面图

SKG

DERRIERE
LE MIROIR

引景入室

台式新简约Ⅳ

从建筑周围的自然环境着手进行整体空间的规划，通过不同媒介空间的借景、引景，引自然风光入室，并由外向内延伸，借由材料、家具、色彩等的互相配合，联结到业主的居室生活之中，从而形成引景入室、回归自然的空间美态。

空间体量框景

设计师利用的门、窗，或者是景观窗、格栅屏风等，将室外的自然景色框成一幅绿意盎然的风景画，并借由三进式的设计体量或端景的形式，让如画美景一层层递进，拉入室内，使业主置身室内也能与大自然零距离接触。

落地窗引景

公共空间集中开设的大面积落地窗，让室外美景最大化呈现，并充分融入室内，让人置身屋内也能够领略到大自然的风采。此外，为了让观景尺度最大化，可将沙发等低矮的家具置于室内空间的两侧，不遮挡窗外景色；还可选用可旋转的灵活家具，为使用者创造多角度的视点。另外，轻薄的窗帘布料可减弱对户外窗景的遮蔽效果，让室内光线变化能与户外季节产生统一对话。

室内外绿植对话

为了与户外绿色形成呼应，室内通常选用各色高低错落的盆栽绿植，让人一进入屋内就能呼吸到大自然的气息。同时，为了能够让业主充分接触大自然，在客厅等内部空间增设开敞式阳台，并摆放适量的绿植，让景色得以延伸入室，拉伸视觉观感，营造开敞通透的空间效果。如果是在顶楼，还可设置景观露台等媒介空间，将户外景色一并导入室内。

盛夏光年

大观无极私人住宅设计

地址：台湾省新竹/竹北市
项目面积：265 平方米
摄影：威米锶空间摄影
主设计师：黄国桓
设计公司：瓦第设计

居住成员：父亲和孩子
户型格局：三室两厅两卫
主题风格：现代风格

主要材料及工艺

手刮木地板
进口瓷砖、大理石、铁件、钢琴烤漆、

创意解读

舒适简约、美感隽永是业主对这个空间的要求与期待。这是一个位于总高 25 层高级公寓大楼的 11 层，有着良好的通风采光及绝佳的视野。业主是一位热爱美食、美酒的中年男性与一位活力十足的青春期男孩；空间主要需求为两人共同的起居空间、各自的房间与一间多功能客房，以及稿玩具的大量的 Lego 收纳展示空间，以此来满足生活用品收纳；因为人口少，所以希望公共起居空间会是开放的，并且具有联结性，也希望室外光线与视野能够被大量引入室内。

设计说明

位处亚热带，漫长的夏天与长时间的强烈日照，令大面积开窗也变成设计师需要去解决的课题。原始空间为全毛坯格局，设计师必须重新设计出符合业主需求的平面规划，并挑选适当的生活功能设备与建材，在设计师的美学基础下赋予这个空间独特的个性。

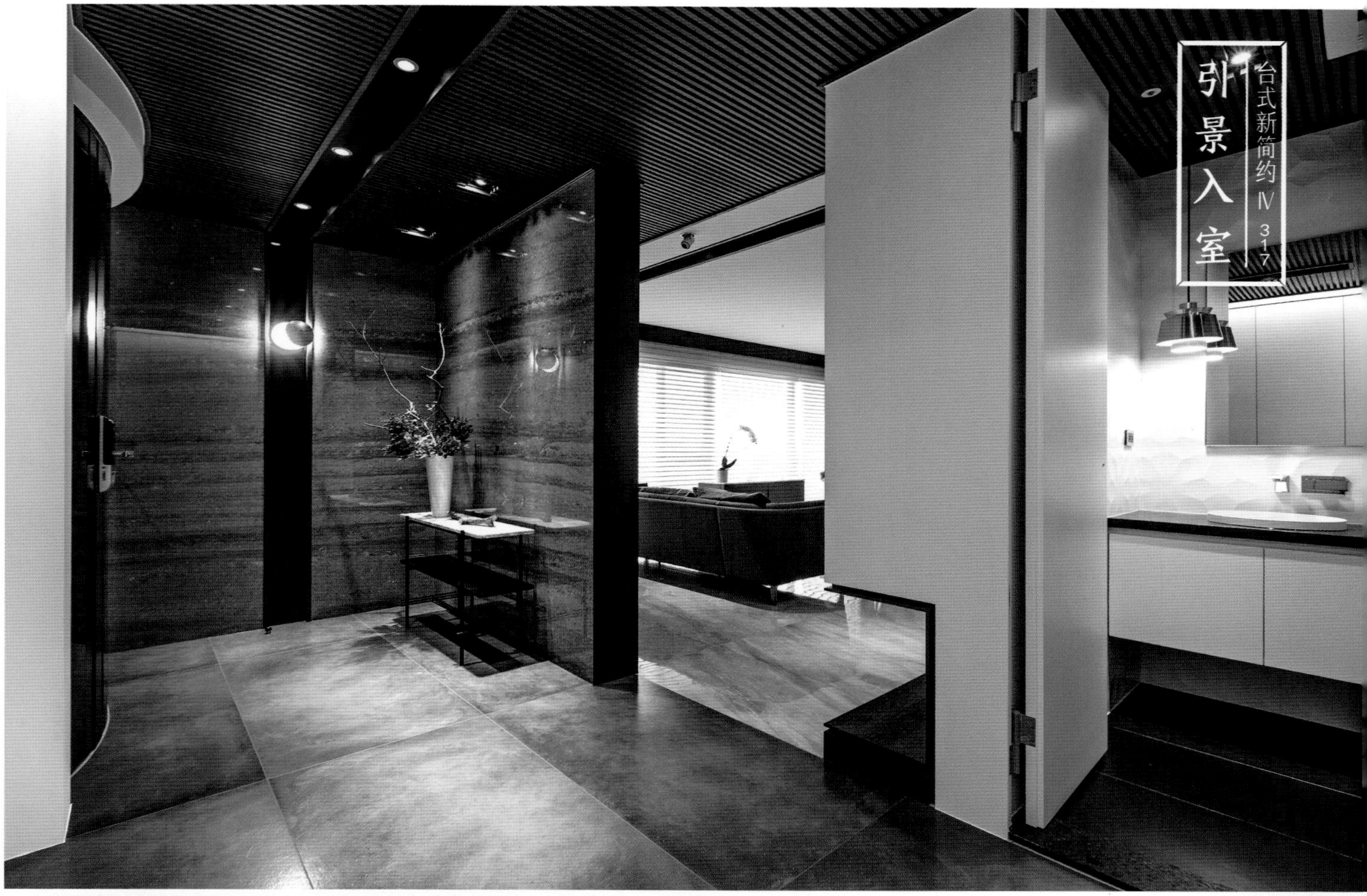

色彩搭配 名师点评

在公共空间氛围的塑造上，设计师利用黑，白两色的深浅层次与质感的变化，佐以深灰棕色的橡木皮，创造出一个宁静舒适、单色调的起居空间。同样的手法也运用在私密区域上，设计师利用线条的秩序，块体比例的组合，色彩的层次搭配与材料质感的对话，试图定义出一个现代自由而低调奢华的私密空间。

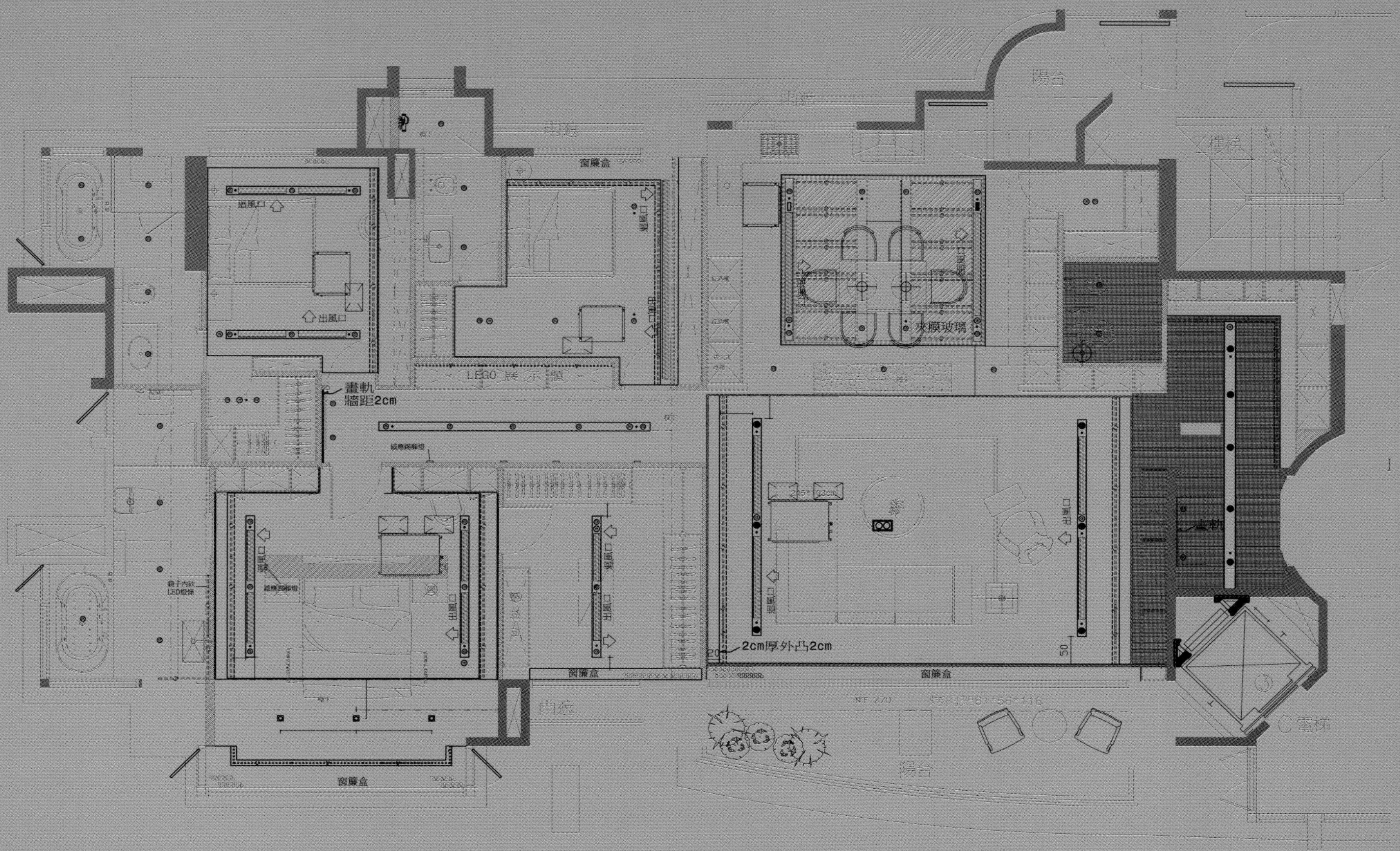

顶棚平面图

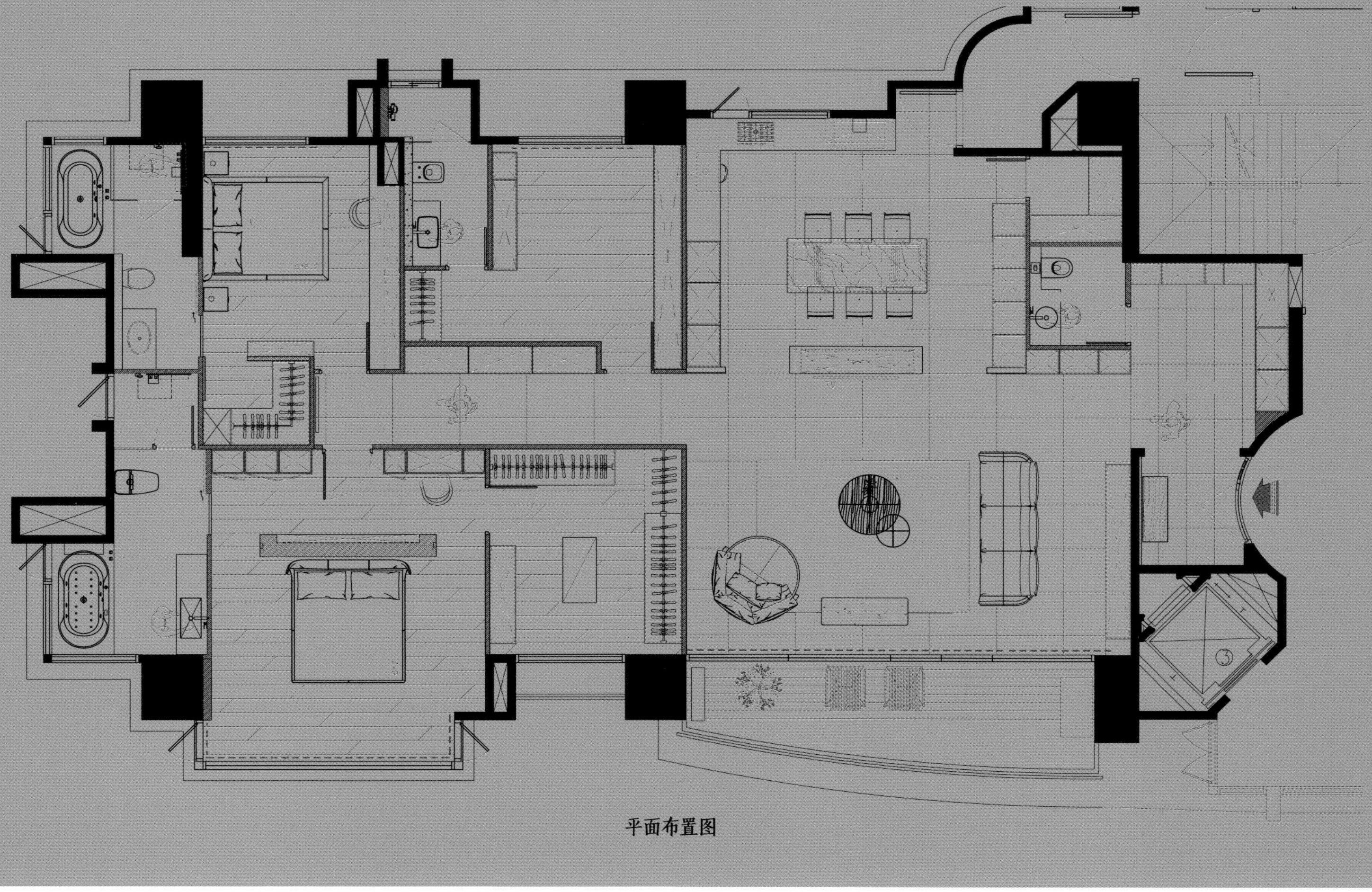

平面布置图

名师点评
引景入室

面对起居室长达 7.5 米的大面积落地窗，设计师希望保留最大的观景尺度，因此特意将沙发放置于空间的两侧，并选用可 360 度旋转的圆形沙发，为使用者创造更多不同角度的室内外视点。另外，窗帘的运用则减弱了对窗景的遮蔽，同时也对亚热带的阳光做出不同程度的调整，让室内光线能与室外季节产生对话。

名师点评

空间布局

针对业主的需求，设计师将整个空间一分为二，左侧为起居、餐厅及厨房等公共空间，右侧则为卧室、浴室等私人空间。设计师在公共区域置入一道白色大理石墙，借此在开放空间内定义出起居、餐厅及厨房区域，并同时利用这个区域来满足收纳影音等设备需求。在主卧房的设计上，设计师在入口处植入石材墙定义出更衣室、休息区、浴室的动线，在创造出休息区私密感的同时，也保留了整个空间视野的通透性。

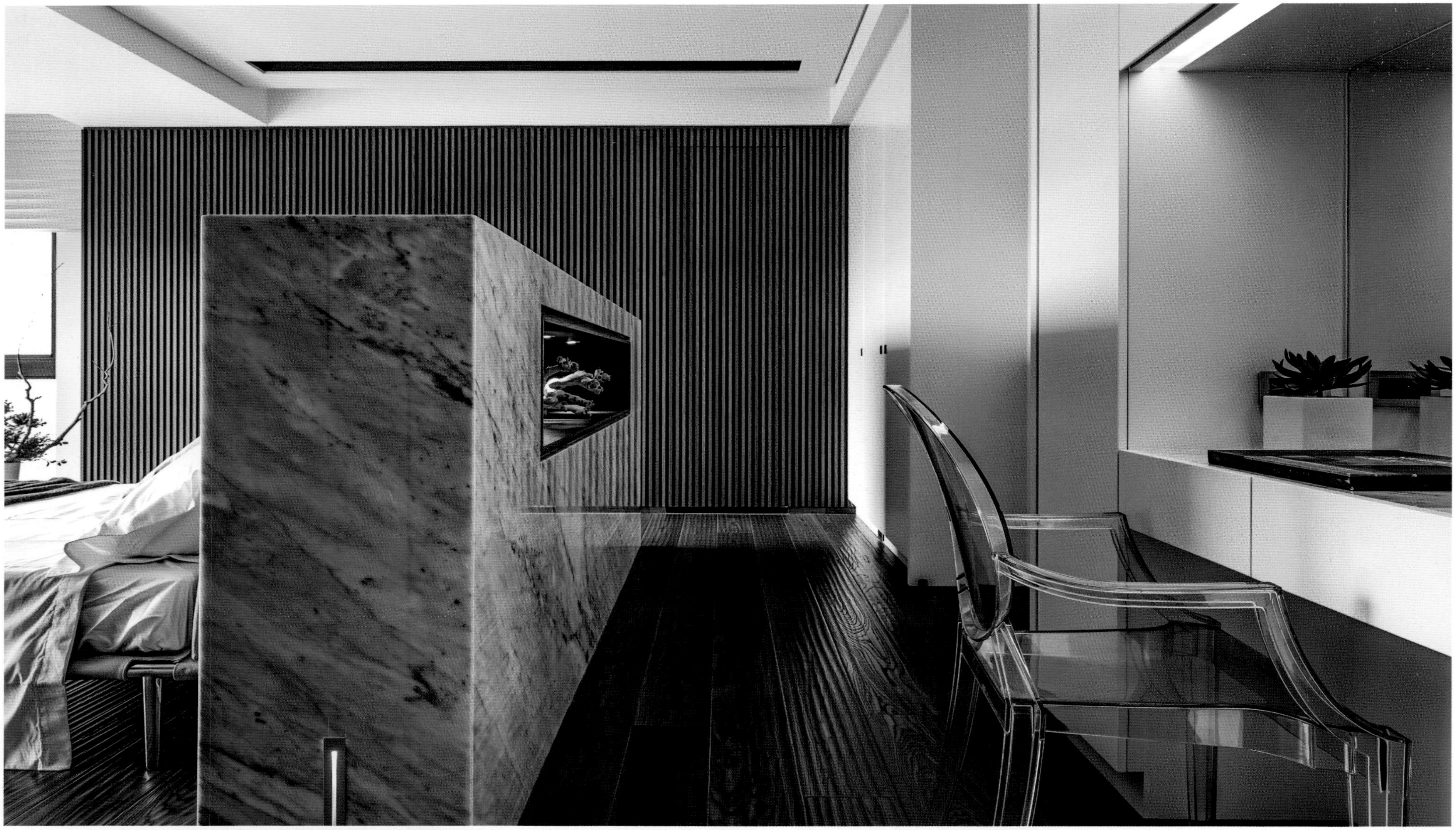

素静想象

秋韵·向度

地址：北京市
项目面积：455平方米
主设计师：唐忠汉
设计公司：近境制作

居住成员：父母、夫妻和一对子女
户型格局：复式
主题风格：现代简约风格

主要材料及工艺

黑铁、钢琴烤漆、壁布
稻香木多层钢刷、安格拉珍珠、蒙马特灰、

创意解读

本案是受限于原生基地、五层楼里的一般住宅建筑，设计师大胆打破原有框架及楼层分户的限制，将此重新定义。独门独户的住宅空间融入复层别墅的概念，错综交叠的贯穿原建筑结构体，创造出三种新式的复层户型。此户为两层楼结合地下一层、地下二层空间的户型，设计师以独立电梯串联起各层使用空间。二层双动线入口借由十字轴线的设计手法，串起整个空间区域。地下一层、地下二层则以挑高垂直的建筑物特性，将攀岩墙、健身房、篮球场等特殊活动场地置入基中，创造出不同的空间体验。

平面布置图

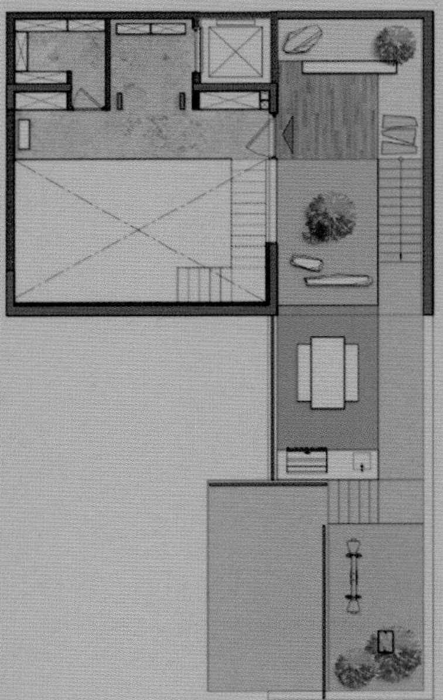

地下一层平面布置图

色彩搭配

名师点评

空间以暖色系为基调，各种深浅褐色与调和的棕、灰、白色色调形成统一的色彩调性，于细微处呈现出画面的多变性。客、餐厅温润的大理石地面奠定了大地色系的暖基调，白色的沙发背景墙与软装布艺沙发将客厅打造成一个素净、洁白的会客空间。一侧餐厅的深色调则与客厅的素雅色系形成视觉上的明暗对比，结合透过淡蓝色玻璃照射入室的日光，创造出更为丰富的空间层次。

引景入室

名师点评

本案一到三层分别拥有专属地下层与入户的花园，而在顶楼，阁楼及景观露台成为将户外景色引入室内的媒介空间。地下楼层则借由大面积的落地窗将自然光源、绿带导入客厅、餐厅等公共区域。同时，自然光线也映照在白色的攀岩墙上，随着日夜光影的变化，开启更深层的感官体验。

材料运用

名师点评

室内大器壮阔的造型，近看似有若无，实则蕴含无穷细节，利落明快之余，更是兼具美学深度与精致性。设计师运用石与木作为空间结构的主体，交织出或平静或躁动的跳跃感，带出风华和美的韵律。客、餐厅以木材、石材间的相互对比与高低错落的白色顶棚，区分出不同的功能空间，并打破僵硬的格局界限，强调视觉划分的趣味性。在餐厅的侧墙，设计师运用进退层次的收纳规划，以及开阖的玻璃门片产生空间的量体变化，诉求空间的功能本质。

引景入室

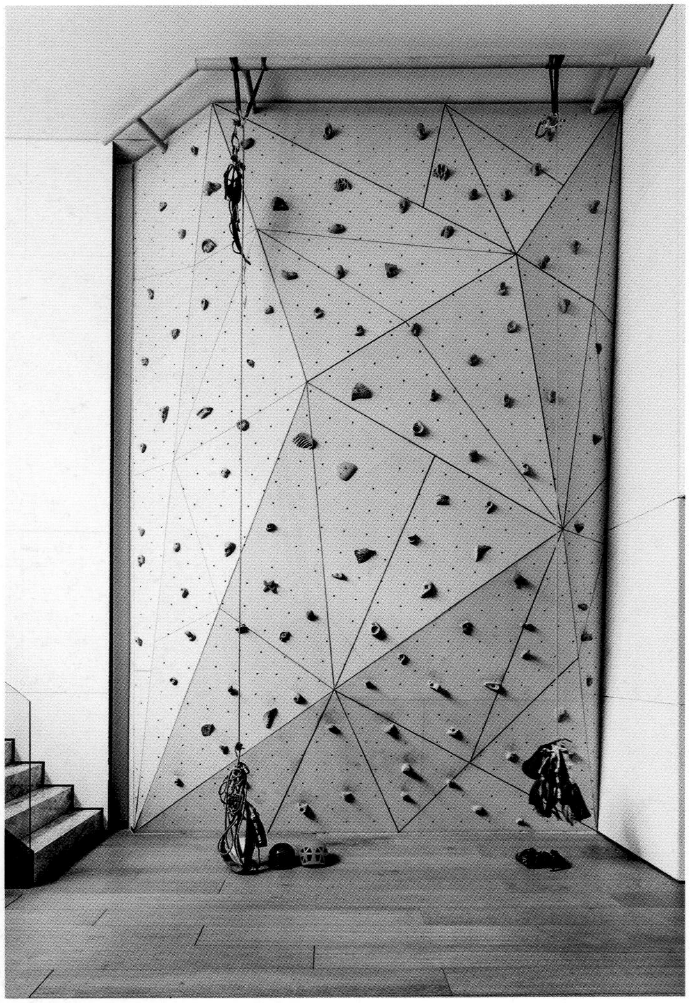

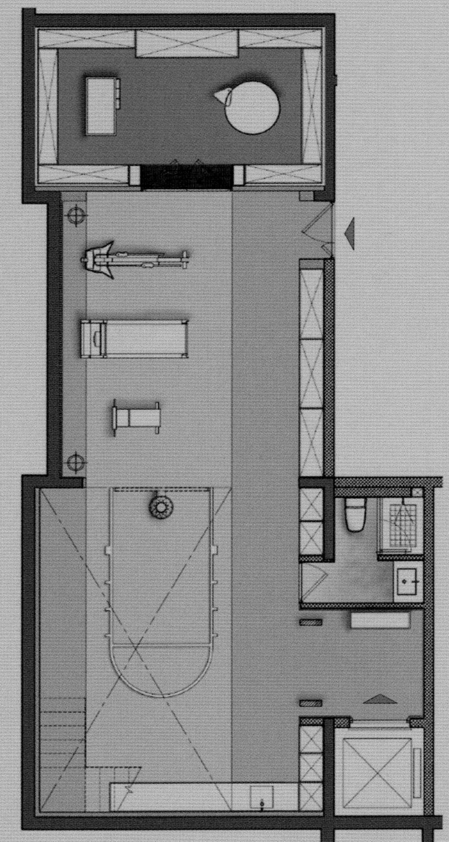

地下二层平面布置图

空中花园

游翠苑 Sky Villa

地址：台湾省台北市
室外：264.4平方米　室内：299.7平方米
顶楼室内：66.6平方米
主设计师：陆希杰　摄影：李国民
设计公司：陆希杰设计事业有限公司

居住成员：夫妻
户型格局：三室两厅两卫
主题风格：现代简约风格

主要材料及工艺

中空板、石材马赛克
松木钢刷、盘多磨、橡木染白、不锈钢乱纹、

创意解读

谈到这间昔日设计是高居14层的住家，由于屋主孩子们长大成家而有不同的考量，这间犹似半空别墅的双层空间则面临再造的需要。经由设计师成功改造之后，室内撕裂的顶棚通过各空间分化后形成丰富的空间层次。设计师还把设计减法技巧运用到交叠的顶棚与灯光的配合之上，颠覆了人们的常态印象。

引景入室

名师点评

因屋主钟爱莳花弄草，设计师特意将顶楼的三分之一楼板挑空，再搭配采光之用的玻璃屋顶，形成垂直的引光天井。保留的细白钢柱将天井包围起来，并用框架玻璃形成界定的区域。如此一来，太阳光线透过天井射入下方的室内，投射到各色高低错落的绿植盆栽周围，让人一入屋内就能欣赏到绿植与光影重叠交错的美丽景致。而在大楼内部的空间中，烂漫的小绿林则形成秀逸的室内翠苑，容易让人联想到空中花园的美好画面。

创意造型 名师点评

除了室内外花园种植各种草木，设计师更是采用减法的设计手法，把顶棚控制在低限的状态，并在此处打造了悬挂式柜体，丰富了收纳功能。借由交叠的顶棚设计，让原始的楼板与新设的顶棚相互映衬，在过去与现在之间形成新与旧的对话。

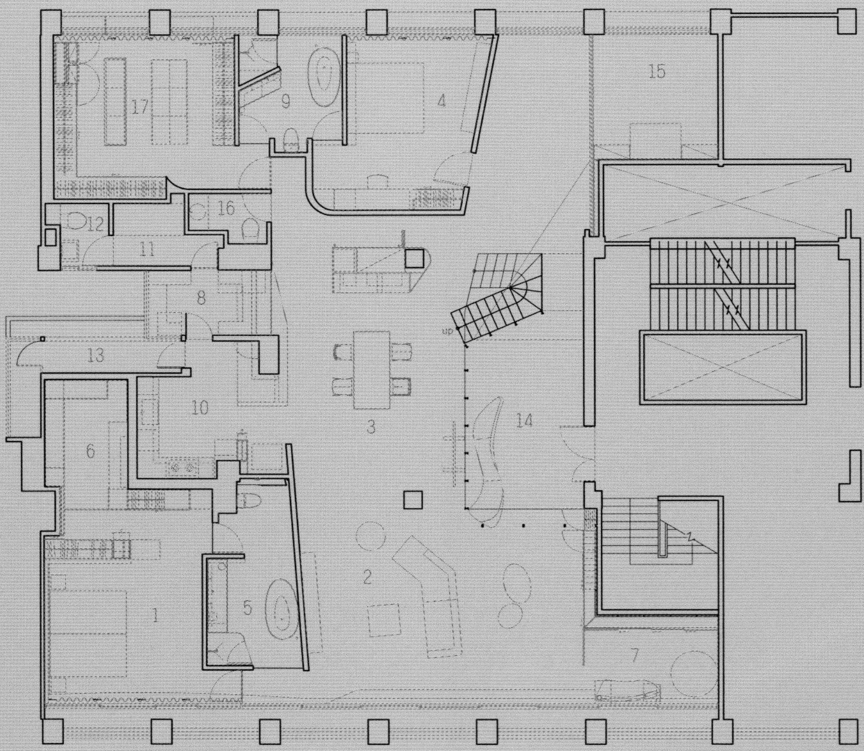

平面布置图

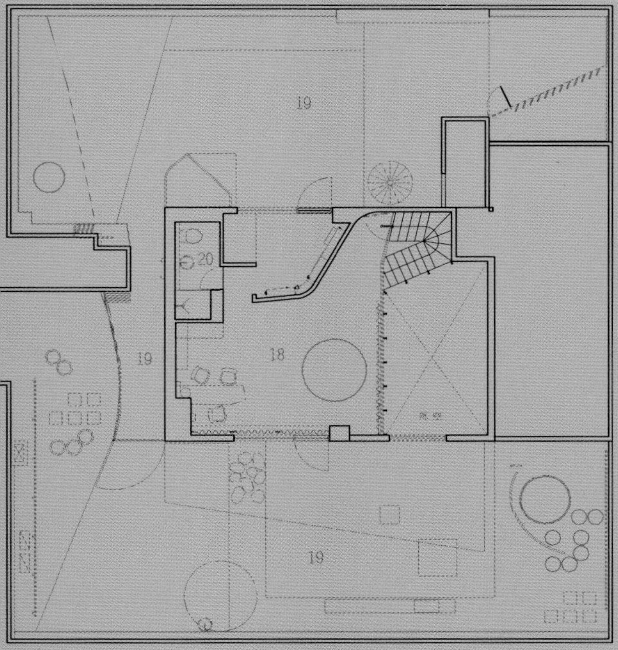

平面布置图

空间布局

名师点评

设计师在顶楼开设约 210 平方米户外花园，让业主静心修养之余，也可以俯瞰台北美丽的景致。主楼层玄关处另筑出花园，将生机勃勃的绿色蔓延至此处。在室内，设计师并未改动主要的大结构，66 平方米的小客厅能够满足业主休闲与社交的需要，两间次卧则进行充分整合，形成了一个拥有卫浴的大套房，右侧是摆放卧铺的休息区，左侧则留给了女主人作为必要的更衣间。

木色镌刻

Residence A

地址：台湾省桃园市
项目面积：264 平方米
摄影：游宏祥
主设计师：吕世民、林怡菁
设计公司：相即设计

居住成员：夫妻和一儿一女
户型格局：三室两厅两卫
主题风格：现代人文风格

主要材料及工艺

意大利还原漆、银河黑矿石薄板合板、古咖镀钛板、黑铁烤漆、酸蚀茶镜、钢刷柚木、墨勒石材、蓝钻石材、洞石复

创意解读

进门首先映入眼帘的是活泼的设计，交叠的自然纹理引领着视觉观感，开阔通透的空间串联天然，的石材、木作，贯彻了生活美学的宅邸气度。设计师注入稳重内敛的居住理念，不带任何浮夸的需求，亲情也在此紧密的沟通、交融。

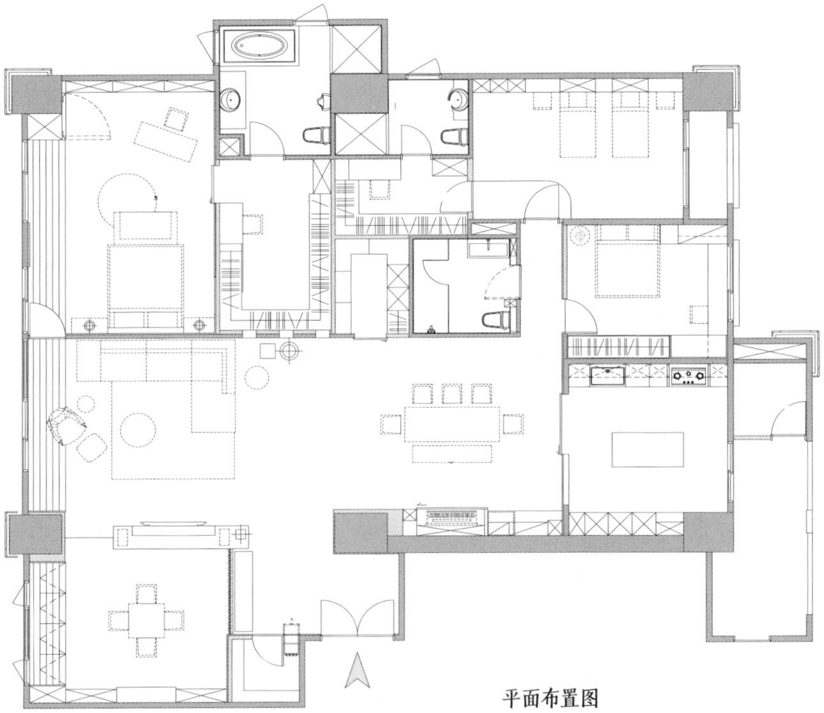

平面布置图

引景入室
名师点评

设计师将采光良好的一侧留给会客与主卧空间，并用一条笔直的走廊进行整合串联。集中开设的大面积落地窗将户外繁华的街景一并引入室内。不管是车水马龙的白天，还是万家灯火的夜晚，业主都可以在客厅的阳台处、卧室的玻璃窗前，观赏着这繁华如画的都市盛景。

引景入室

色彩搭配

名师点评

在以大面积的木色为基调的室内空间中，鲜艳的蓝、明媚的黄却在不经意间成为出挑的点缀色。书桌一角乳白色柜子上不规则黄色几何图形的点染，令质朴平静的空间中注入一丝活泼与明亮。男孩房蓝色的组合书桌垂直向上延伸穿插富有线条感的收纳搁板，搭配一侧黄色的柜体，纯粹的色彩环绕着卧室空间进行线条的拉伸，让整个空间呈现出一种温馨、舒适之感，由此成为每个男孩所向往的个人天地。

LOVE

唐忠汉

近境制作 设计总监

荣获 2013 年度德国 iF 传达设计奖 — 轨迹 Tracks
获选 2012—2013 年度美国《Interior Design》国际中文版年度封面人物
擅长风格：现代时尚风格、现代简约风格、自然原始风格

王俊宏

森境室内装修设计工程有限公司 / 王俊宏设计咨询有限公司负责人

获奖情况：
2013 年 21th APIDA DESIGN AWARD 亚太区室内设计大奖 — 住宅类优胜奖
2013 年 百大人气设计师人气奖
2013 年 设计家年度风云设计师奖
2011 年 101DESIGN AWARD 顶尖设计师

罗耕甫

台湾 橙田建筑 | 室研所 负责人
上海 思橙建筑设计事务所 负责人

获奖情况：
- 美国 IDA Design Awards· 建筑 – 银奖
- 英国 World Interiors News Awards (WIN) 大奖 ·Retail
- 意大利 A' Design Award & Competition·
建筑设计 – 金奖、室内设计 – 银奖
- 德国红点设计大奖 · 室内设计
- 德国 iF 设计大奖 · 室内建筑 – 住宅

权释设计

颠覆室内设计总是由设计师主导大权的刻板印象，在工作室创业初期，权释团队就以权力释放为经营理念，站在客户的角度思考，引导业主建构出心目中的理想家园。
以人为本、适才重用的公司文化，让设计师的专业得以全面发挥，以项目管理制度进行分工，让设计团队能更专注在设计及工程方面。量身打造专属业主的安心好宅，多元产业背景优势，为客户提供专业的服务顾问。
权释设计是台湾第一间推动垂直整合、发展室内设计产业进入到组织化管理的公司。透过企业化管理，有效地控管工程质量、时间流程，以数字化、系统化的方式，让客户清楚掌握所有设计、工程进度。

谭淑静

中原大学室内设计系学士，2005 年至今供职于禾筑国际设计有限公司

获奖情况：
2014 年“建声听觉”荣获 IAI AWARDS 亚太设计师联盟竹美奖工作空间铜奖
2014 年“怡园”荣获 IAI AWARDS 亚太设计师联盟竹美奖 居住空间优良奖
2013 年“信义区李宅”台湾室内设计大奖 TID- 居住空间复层
2013 年 大陆现代装饰国际传媒奖 - 十大杰出设计师

瓦第设计

瓦第设计长期专注与居住行为相关的空间形态的规划设计，包括开发商集合住宅的单元平面空间、小区公共设施与景观设计、广告企划公司的销售会馆样板间、实品屋等规划，进而到私人住宅设计家具细部施工，均秉持着全方位专业完善的 Total solution 操作执行模式。
我们仔细地聆听业主真实的需求与声音，系统性的分析客户需求与预算执行，期待能够为客户提供完善且美好的设计服务与施工质量。

隐巷设计顾问有限公司

隐巷设计顾问有限公司由三位经验丰富的设计师共同创立，成立于 2007 年，2010 年于台北成立总部，同年 7 月于青岛正式成立藏弄室内设计有限公司，2012 年与大森设计合作成立深圳分驻所，并于 2013 年成立上海分驻所，隐巷设计其主要从事各类空间规划设计、家饰设计及设计顾问等工作，工作范围遍及中国台湾、中国香港、中国华南、华东、华中等地区，以及菲律宾等国家。2007 年至今获得美国 INTERIOR DESIGN 金外滩奖、CIID 中国室内设计学会奖等各项大奖，作品也被多家媒体报道。

CONCEPT 北欧建筑

改变，是 CONCEPT 北欧建筑的初衷；让空间返璞归真，是 CONCEPT 北欧建筑的目标。曾经，空间设计产业，是地球资源耗损的帮凶，我们拆除、重制、包装。为了追求美感，我们不断地在丢弃与制造中轮回。如今，空间设计产业应是绿化地球的推手。在 CONCEPT 北欧建筑的观念里，建筑，不应该是盖一个房子让人进去住，而是依照人的需求建造一栋房子。同样道理，对于室内设计也是一样。家是用来乘载人的生活。而生活是一个复合性的概念。要懂得将业主的生活融入设计当中，要懂得将建筑与在地人文结合，设计师需要的不仅仅是空间美感，所有生活的食、衣、住、行，环保与工程，自然与城市，全都要考虑到，并且，在所有设计从 0 走到 1 时，就要全面整合性得考虑。将人的感性与空间的理性结合，CONCEPT 北欧建筑从一个深邃的原点，逐步地，诠释关于空间的故事。

格纶设计工程有限公司

设计师虞国纶于 1989 年由复兴商工美术工艺科系毕业，从业经验 20 年，于 2005 年成立格纶设计工程有限公司，广纳美术、建筑、工程管理等业界精英，自创立以来室内设计项目通及住宅空间、商业空间、办公场所、会所样板房等，秉持着原创设计的精神，对于风格与品位的追求，将业主对空间的期待通过各种设计风格完美的呈现。

工一设计

工 对我们来说是一种淬练的过程
一 则是对于设计的初心

淬炼为工初心为一；工一设计是由三位设计师好友共同创立的，经过业界多年的陶冶，累积丰富的专业涵养，打造而成年轻且经验丰富的团队组合。因为年轻，所以充满热情；因为活力，所以大胆创新。用严谨的工学态度为基础，创造生活美学的无限可能。

禾观空间设计

不追求华丽无实的外表，在乎的是人们真实的居家感受我们相信设计不仅仅只是单纯表面美化，更是以人为本体，考虑我们生活的习性。由爱出发的设计，就是最好的！我们爱你的家。We Love Your Home

理丝室内设计

理丝室内设计 2013 年成立于台中，以“理念思绪，细腻如丝”为座右铭，追求当代美学与功能细节，体现空间永恒优雅与时代经典。走访各式风格的年谱里，从法式古典、英伦新艺术、美式乡村，向德国包豪斯致敬的现代风格，乃至北欧斯堪的纳维亚的简约主义，眷恋昔日经典，同时也追寻当代新意，致力于建构框架内无边际的空间形态。

新澄设计

2009 年成立于台中，主要以建筑、住宅、商业空间规划，包含整体形象设计，并提供专业的工程承揽管理，以精确的施工技术，为客户打造出独特专属的生活空间。
2013—2014 新澄设计团队连续两年荣获室内设计协会 TID 住宅类单层大奖，Taiwan Interior Design TID Award，如此得来不易的奖项不仅是对新澄的一种肯定，也是激发我们源源不绝创意原动力。
我们善于"倾听"依据房屋的既有情况，配合业主的生活习惯，融合动线、搭配素材、注重细节， 打造出符合客户需求兼具舒适、实用、人性化的生活空间。

CJ STUDIO

CJ STUDIO 认为建筑及设计并不是单纯的艺术创造而是一个社会事件，一个看世界的入口，一个无止境的探险。每个设计个案（无论大小）都是这个长期探险过程中宝贵的经验，同时每个设计个案也是一个新的探险，业主或使用者必须加入这一场探险，从中寻找或创造一个新的动态系统，一种富于能量具有被展开潜质的单纯形式，经由对各种条件（环境、功能、业主、历史背景等）的分析整合与再发现、找出隐藏在真实世界下新的几何秩序及关系、连接过去与未来。

二三设计

生活为主、风格为辅！第一，永远留给客户！是我们共同的信念！我们是对生活充满热情与想法，并且在业界拥有十余年实务经验的专业设计团队。我们全心打造每位客户心目中趋近完美的空间作品，我们可以被信任与托付，总是能够将客户对于家的梦想与想象带到真实的世界。

好适设计

1993 新一代设计竞赛、杰出设计奖，开启了用设计与世界的对话。追求以简洁的手法，描述动线、材质及光影，让空间回归使用者的角度及生活的本质，透过设计创造出环境的质感及舒适。

玖作设计

设计是什么？设计，是让人生活地更舒适、更自在……凭着一股对空间设计的坚持与憧憬，我们创立了玖作设计，执着于探索呈现属于每一个案场独有的空间氛围，希望透过设计语汇的诠释、重新定义人与人、人与空间、人与环境的互动及对话，用心对待每一个细节，坚持质量，坚持走属于自己的设计之路。

居希设计

居·为天下人之所求　希·为天下人之向往

为未来创造新的生活态度，我们始终相信设计可以激发使用者感知，不局限于框架之中、不自我设限、不定位特定风格、不反复循环套用，以使用者模式为出发，坚持一种量身定制的思维，我们深信，空间的主角，是客户，而非设计师，我们以使用者的观点为基础，并致力设计出以美学（配色、比例、视觉）为基础，又能兼顾使用者实用功能的整合，为客户提供一个未来的新生活模式。

相即设计

“相即”是一个哲学性的词汇，含义非常深远；因此我想用另一个简明易懂的词来代替它，就想到了“吻合”这个词。明白的说，设计就是寻找刚好合适的事。

– NAOTO

相即设计成立于 2009 年 10 月，以年轻、活力为口号，以创意、专业为本质，有别于样板化的设计，我们试图让每个作品都有它量身定制的价值，让企业、商业空间、私人住宅等得到最完善的服务与咨询。

获奖情况：

2017 年意大利 A' Design Award 设计大奖、室内设计类别银奖及铜奖

2016 年德国红点设计大奖—室内设计类别红点奖

2015 年台湾室内设计大奖—居住空间单层类 TID 大奖

2014 年得利空间色彩大赏—公共空间组铜奖

质觉制作设计有限公司

Being 是关键字，是经营宗旨，中心思维是经由五感深刻体会环境氛围，倾听居住者内心真正需求，促进创意发生，透过设计，将异材质融入空间，巧妙安排动线，突显出改变的空间特色，更显现居住者独有的生活艺术个性。

图书在版编目(CIP)数据

台式新简约. Ⅳ / 先锋空间编. —武汉 : 华中科技大学出版社, 2018.5
ISBN 978-7-5680-3840-9

Ⅰ. ①台… Ⅱ. ①先… Ⅲ. ①住宅—室内装修 Ⅳ. ①TU767

中国版本图书馆CIP数据核字(2018)第058907号

台式新简约Ⅳ
TAISHI XIN JIANYUE IV
先锋空间　编

出版发行：华中科技大学出版社（中国·武汉）　电话：（027）81321913
武汉市东湖新技术开发区华工科技园　邮编：430223
出 版 人：阮海洪

责任编辑：尹　欣　责任监印：秦　英
责任校对：吕梦瑶　装帧设计：大青设计

印　刷：深圳市雅仕达印务有限公司
开　本：1020 mm×1440 mm　1/12
印　张：30
字　数：180千字
版　次：2018年5月第1版第2次印刷
定　价：488.00元

華中出版

投稿热线：(010)64155588-8000
本书若有印装质量问题，请向出版社营销中心调换
全国免费服务热线：400-6679-118 竭诚为您服务